中国传统服饰文化系列丛书

罗衣从风

敦煌服饰创新设计作品集

主编—— 刘元风

副主编—— 崔岩 王可

中国纺织出版社有限公司

内 容 提 要

本书是由北京服装学院承担的国家艺术基金2019年度"敦煌服饰创新设计人才培养项目"的成果作品集,其中收录了来自全国各地的三十名学员围绕敦煌元素创作的艺术作品,展现了敦煌服饰文化传承基础上的设计实践探索,是对敦煌文化乃至丝绸之路文化继承和创新的有力促进和引导。

本书适用于服装专业师生学习参考,也可供敦煌服饰文化爱好者阅读收藏。

图书在版编目（CIP）数据

罗衣从风：敦煌服饰创新设计作品集 / 刘元风主编；崔岩，王可副主编 . -- 北京：中国纺织出版社有限公司，2022.1

（中国传统服饰文化系列丛书）

ISBN 978-7-5180-9301-4

Ⅰ . ①罗⋯　Ⅱ . ①刘⋯　②崔⋯　③王⋯　Ⅲ . ①服装设计—作品集—中国—现代　Ⅳ . ① TS941.28

中国版本图书馆 CIP 数据核字（2022）第 006095 号

LUOYI CONGFENG DUNHUANG FUSHI CHUANGXIN SHEJI ZUOPINJI

责任编辑：孙成成　　　　　责任校对：王蕙莹
责任印制：王艳丽

中国纺织出版社有限公司出版发行
地址：北京市朝阳区百子湾东里 A407 号楼　邮政编码：100124
销售电话：010 — 67004422　传真：010 — 87155801
http://www.c-textilep.com
E-mail：faxing@c-textilep.com
中国纺织出版社天猫旗舰店
官方微博 http://weibo.com/2119887771
北京华联印刷有限公司印刷　各地新华书店经销
2022 年 1 月第 1 版第 1 次印刷
开本：710×1000　1/8　印张：26
字数：258 千字　定价：268.00 元

前 言

敦煌服饰是中华优秀传统文化的重要组成部分，是中国乃至世界的人类宝贵文化遗产。将敦煌服饰文化进行深入研究，同时根据新时代的发展和需求，进行当代创新设计和研发，对于更好地构筑中国精神、中国价值和中国力量，提高国家文化软实力具有重大而深远的意义。

此次由北京服装学院作为项目主体，与敦煌研究院、英国王储基金会传统艺术学院、敦煌文化弘扬基金会三家单位共同合作承担的2019年国家艺术基金"敦煌服饰创新设计人才培养项目"是在党的十九大对于中华优秀传统文化继承创新的思想指导下进行的创造性转化和创新性发展，也是对国家"一带一路"倡议的积极响应。

项目招收了来自全国13个省份、自治区和直辖市的30名优秀学员，学员专业基础好、学历水平较高、业务能力较强，为项目顺利开展提供了专业水平保障。为保证培训质量和学术高度，除了邀请本校高水平教师授课之外，项目组还邀请了来自敦煌研究院、清华大学美术学院、英国王储基金会传统艺术学院、故宫博物院、中国社会科学院等单位的30名知名专家学者联合授课。各位授课老师认真负责、传道授业，从敦煌历史文化、敦煌艺术史、历代服饰文化、传统服饰传承与设计创新等角度为项目学员讲授课程、答疑解惑、设计指导并交流互动，为学员进行创作积累和设计创新奠定了深厚的学养基础。此外，项目组还安排学员赴敦煌进行了为期十天的实地考察及实践授课，令学员们深入了解敦煌服饰文化艺术的历史内涵和艺术特征，引导学员们踏实学习前辈学者的研究成果，在理解的基础上寻找设计灵感和开拓设计思路，在继承的基础上进行新时代的创新实践。

这里呈现的是30名学员在项目组的精心指导下，根据新时代的发展和需求，从理论支撑到对设计细节进行深入研究后，进行当代创新设计和研发的100余件（套）服饰作品和30余件绘画作品。结项成果沉淀着敦煌服饰文化的深厚脉络，是创造美好生活的文化载体，是对敦煌文化乃至丝绸之路文化继承和创新的有力促进和引导。同时，北京服装学院将以此项目为契机，继续推动中国传统服饰文化的研究、传承和创新，担当服务国家、社会和行业的重大使命，进一步加强和提升理论研究和设计研发能力，培养热爱敦煌及传统艺术、有创新思维和创新能力的专业人才，在前辈学者研究的基础上，不断拓展敦煌服饰文化研究和创新设计的方式和路径，为发扬光大敦煌服饰文化和提升中华民族的文化自信做出更多的努力。

刘元风

北京服装学院　教授

敦煌服饰文化研究暨创新设计中心　主任

目录

学员名录

（按姓氏笔画排序）

马思涵

2017年至今，上海霆晨实业有限公司

2015年—2017年，天津彩羽美社形象设计有限公司，设计总监

2010年—2015年，北京玫瑰坊时装有限责任公司，设计师

2019年5月5日至2019年7月12日，我有幸参加国家艺术基金2019年度"敦煌服饰创新设计人才培养项目"的学习，通过65天的集中理论授课、专业考察、设计理论与实践授课等三大版块的学习，以及30位专家师资的配备，让我感受多多、收获多多，让我对敦煌有了更精准、深刻的认知。

这次对敦煌的了解，不论是从听课到交谈，还是去实地考察的所听、所见、所闻，每时每刻，每一堂课，都让我有所感动和收获，有许多不可用言语表达的收获。来自不同行业领域的同学们相聚一堂，相互交流借鉴工作经验和工作能力，用心去领悟理论观点，汲取精华，深入钻研，精心设计。

通过这次学习，让我对敦煌有了更深一步的了解，因为我来自企业，之前做过两年的敦煌服饰产品。通过这次学习，我深刻地体会到之前的作品是缺少敦煌灵魂的。之前对敦煌的了解只是片面的和通过文字简单的了解，而这次的学习，恰恰弥补了我之前对敦煌认知的空缺。

六十多天理论与实践相结合的学习，对我后续的工作起到了决定性的作用，不仅丰富了我的敦煌知识，而且为我后续的设计中提供了大量的素材。我不再是简简单单地看图做设计，而是能从中讲出故事；我的作品再也不是普普通通的一件作品，而是一件有内涵、有故事的作品。也许这一次敦煌的学习只是一个开始，我会把敦煌产品延续地制作下去。

马思涵手绘作品

《煌·凰》

　　设计灵感源于敦煌莫高窟第61窟藻井图案，此窟窟顶绘巨大的华盖式藻井，中心为五莲团龙鹦鹉，井心四周为联珠纹、回纹、团花、双凤麒麟纹饰，最外圈为璎珞垂幔。因设计系列为婚嫁主题，所以主要提取凤纹图案。凤纹图案灵活生动，且在丝路视域下融合了异域元素，与中华文化融合后更具美感，用于嫁衣设计富有吉祥寓意。

王一崝

2015年至今，陕西开放大学，教师

本次由北京服装学院承担的2019年度国家艺术基金"敦煌服饰创新设计人才培养项目"历经两个多月的集中授课，聚集了最丰富、最具资历、最具代表性的行业老师们，也聚集了30名来自全国各地的对敦煌艺术极度热爱的院校教师、独立设计师、工艺师等。

通过第一阶段的理论授课，让我们对敦煌艺术及相关文化背景有了初步的认识与了解，每位学员在敦煌不同的艺术形式表现中找到了自己最受触动、最感兴趣的点，并带着这些问题进入第二阶段的实地考察。在敦煌石窟的实地调研中，我们身临其境感受敦煌艺术的震撼与触动，将感性与感觉深深融入每个人的认知与理解中，并结合讲解者对每个洞窟的理论知识作为背景支撑，使每位学员全方位感受到敦煌石窟真正的魅力。第三阶段回到学校进行理论知识与设计方法的进一步学习，从敦煌艺术中找到灵感来源，进而制定个人设计方向，形成完整的设计方案体系。

在整个集中学习过程中，我们与行业顶尖的大师们面对面，感受每位老师不同的个人魅力，接收每位老师不同的专业知识，与同班的学员们随时交流碰撞，课下参加各类学术讲座与主题展览，全方位地接收敦煌艺术的知识灵感，从中分析出传承与创新设计的应用元素，再结合最适当的形式与工艺将个人设计作品真正做成实物，为最后的成果汇报夯实基础。非常感谢国家艺术基金，感谢北京服装学院，感谢刘元风教授及所有授课的老师们，感谢所有的工作人员，感谢所有的同窗学员们，也感谢敦煌研究院院长与所有研究员们，要感谢的人太多，也需要感谢这份缘分，让我们聚集在一起，共同学习感受敦煌艺术，并担负起这份沉甸甸的使命——让世界认识敦煌，让敦煌艺术植入每个人的心中！

王一峭手绘作品

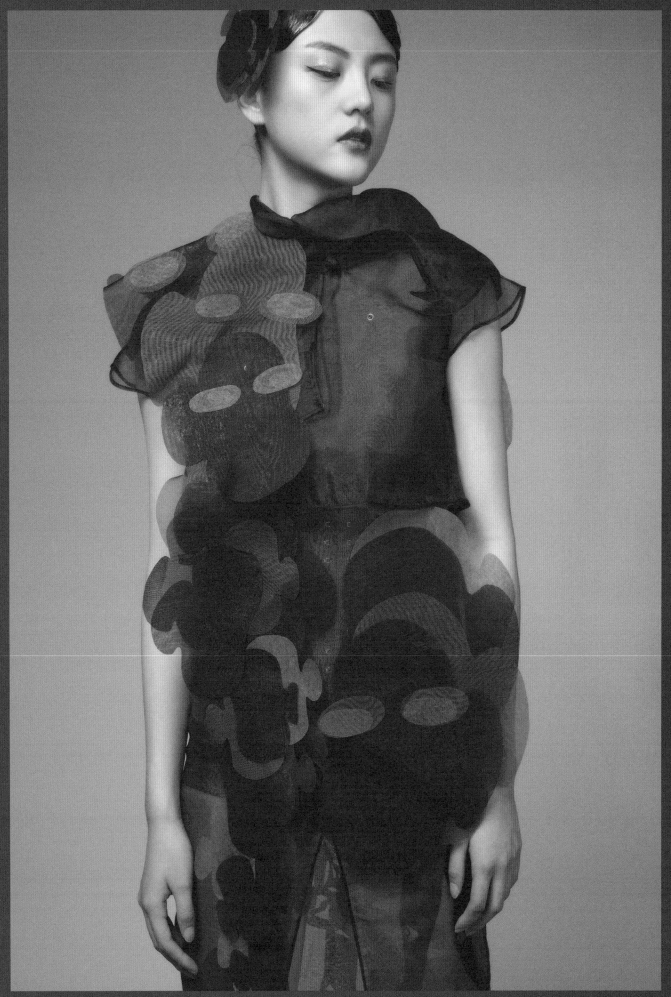

《灵之鹿》

本系列服装设计作品灵感来源于敦煌石窟北魏第257窟《佛说九色鹿经》的传奇故事，故事表达出九色鹿与溺水人不同的性格特征，通过故事结局反应善与恶的精神导向。通过对九色鹿与溺水人不同精神品格的具象表现，结合壁画中的色彩感受，表达善与恶的两面性。面料采用真丝绸为主体，鹿与人本体采用不同廓型相同面料的再造处理手法。色彩上运用白色与黑色，款式上用灵动自然与沉重拘谨共同诠释了本体性格与特质的不同。意在通过不同的服装语言表达不同的品质内涵，传递正能量，呼吁人们应该向善、向美，在复杂的社会环境中保持善良与纯真，不忘初心。

王雪琴

2010年至今，浙江理工大学，教师

2007年—2009年，美国冠军（Champion）服饰香港分公司，男装设计师

2000年—2003年，浙江理工大学，教师

恋恋不舍中，两个多月的"敦煌服饰创新设计人才培养项目"集训课程结束了。满满的课程内容、满满的收获不似能在这么短的时间内完成。

如期，能被如此德艺双馨的团队所引领，进入创新传承优秀传统文化的行列实属三生有幸。这是一段北上的朝圣之行，一边是学术圣地——北京服装学院敦煌服饰文化研究暨创新设计中心，一边是信仰及艺术圣地——敦煌。项目组创造了极为优越的学习环境及资源，循循善诱。学者大家、业界精英们倾囊相授，无私分享，带领着我们在"过去、现在、未来"对中国敦煌及传统文化和艺术的思索中穿梭，使我们的身心在学术朝圣的路上深受鼓舞。同时，学员们被引导如何立足自身，思考如何审视自我的"过去、现在、未来"，被赋予了谦虚精进、不断创新的精神和勇气。

数千年前，佛教艺术花开敦煌，播撒信仰的种子，融合东西方的文明与文化，"随色象类，曲得其情"。今天，我们在回归研学的路上、在感受各专业大家的分享后更加深刻地理解此期国家艺术基金项目的意义及创立的精神。"生活在低处，精神在高处"是刘元风教授第一次上课时赠予我们的"十字心经"。精神的力量是艺术创作的源泉和动力。"深入的思考、务实的实践"，回寻自我的创作动力是设计创新的基础。"随色象类，曲得其情"更演化为我的设计思考。"内在的生机、多方位的融合、保持自我又要勇于变化……"在课程结束时，对设计创新的思考反而开始展开更加深入的自我修炼之途。

感恩！感恩为我们开辟此趟宝贵研学朝圣之路的可亲可敬的所有中心及授课的师长们！感恩这群同行者和伙伴。希望永远在未来创新实践的路上！

王雪琴手绘作品

《融.界》

将敦煌印象与"过去、现在、未来"及三界的概念融合，
取佛衣的曲线造型，
"衣被天下"的概念，
将三幅作品关联。

邓丽元

2018年至今，苏州从然服饰贸易有限公司，创始人
2007年至今，红馆旗袍，创始人
2006年至今，北京华裳时代贸易有限公司，创始人

敦煌，对我来说是一个非常庞大的主题，敦煌里面有很多非常奇妙的感受，展示给我们很多很多不同的面孔，其中最让我感兴趣的就是莫高窟开凿的原因。

当年乐僔和尚在三危山下开窟传播佛法，是为了修心、为了普度众生，所以我为我的设计作品取名为——渡。渡这个字在百度里的解释是：通过语言、动作等各种方式让我们彻底地了解自己、了解世界。敦煌的由来就是出于发菩提心，救度众生。

当我第一次进入莫高窟的石窟中，我被壁画的精美打动了，我就呆立在那，壁画就在我眼前，我的眼睛跟着一幅幅壁画的线条流转，我感受到它是活着的、是会呼吸的，这与我看见书本上的图案不一样，它是有生命的。面对这穿越千年的迷人画卷，我陷入哀思、陷入忧伤，同时又被这穿越时空的智慧所打动，我尝试去想象一千年前的画匠，手拿笔墨心怀慈悲，他们拥有怎样的智慧，才能创造出这么伟大的艺术。

在这里，仅以我个体的视角来探讨"不一样"的敦煌，更多可能性和可传达的敦煌。我进行了大量不同的尝试和实验，意图在此期间能获得更多之前没有发现的有趣点和特别的敦煌。于是我开始用以上所调研的元素以及壁画大量出现的个别服饰进行相应的延伸、变形、共鸣，以及意识化和重组，期望达成原本敦煌特有的多元化的平衡点。结合当下时代一个服装设计者的服饰基调融合贯穿出一些更加偏向意识化，更具可持续发展的多样性，更能引起人们用全新视角去审视多元化的敦煌。

身为一位服装设计者，身为一名"国家艺术基金人才培养项目"的学生，我非常荣幸此生能有机会和国内顶尖的专家学者老师学习敦煌、了解敦煌，我也希望能够通过我们非常小的力量为敦煌的传播和传承尽一份力。我们走进敦煌是为了走出敦煌，我们了解敦煌是为了将敦煌的魅力告诉给更多的人。

邓丽元手绘作品

《渡》

在 21 世纪的今天，
用当代的身份环境去探讨精美绝伦和饱经沧桑的敦煌石窟和壁画结构，
这是一次有趣且重新认识敦煌的调研。
视觉上的体验已成为它的标示，
重新认识它本身的结构手法是此次我怀着敬畏之心着重探讨的趣味点。

冯志学

2018年至今，南宁职业技术学院，服装设计专任教师

2016年—2018年，广西城市学院，服装设计教师（兼职）

2012年—2015年，范思哲（中国）贸易有限公司，服装陈列师

2019年5月，我有幸参加了由北京服装学院举办的"敦煌服饰创新设计人才培养项目"研修班课程，这是我参加过的所有研修课程里规格最高、师资最强的培训项目。

此次"敦煌服饰创新设计人才培养项目"是由国家艺术基金资助、由北京服装学院敦煌服饰文化研究暨创新设计中心举办，内容分为理论课程、实践采风课程和实践课程三部分，为期2个多月。前期理论课程在北京服装学院上课，先对敦煌及敦煌文化有大致了解，然后随着课程的深入，我们的研究也开始深入，查阅大量资料，提取对自己设计有帮助的灵感等。中期为实践采风课程，我们一行同学赴2千多公里外的敦煌莫高窟实地调研考察，经过敦煌研究院老师风趣幽默的授课，使我们对国家传统文化、敦煌的文化艺术有了更深层次的认识，其中最有意义的还是亲自在莫高窟里实地观摩，也有幸看到了很多不对外开放的石窟，这对我们后面的设计有直接的帮助。除了莫高窟，我们也去了榆林窟和西千佛洞。后期为实践课程，由很多中国著名的服装专家为我们授课，如常沙娜老师、刘元风老师、李当岐老师等，以及很多清华大学、北京服装学院优秀的老师。除此之外我们还有很多博物馆、艺术馆参观调研的课程，以及学术报告会等。这些都为我的设计奠定了大量理论与现实基础。

我的感想很多，首先是能够被选入此次的项目，能认识很多国内最顶尖的服装教育、设计专家，还能认识很多国内优秀的服装设计师和优秀的老师。其次是通过此次学习，使我认识到了我们国家悠久的历史文化与灿烂的敦煌文化艺术，这是我一生宝贵的财富。最后是通过这次学习，也使我学以致用，学习了前辈们优秀的教学方法及文化涵养，这对我的服装教学有莫大的帮助。我也会继续努力，提升自己的设计水平、教育水平。再次感谢这次培训项目的各位专家、老师、同学们，以及为我们默默付出的班主任以及助理们，谢谢你们！

冯志学手绘作品

《编号二五四》

服装设计灵感来源于敦煌莫高窟第254窟的壁画——舍身饲虎。

将壁画的线稿提炼、打散和重新组合应用于服装设计中，

色彩以白色为主，黑色、灰色为辅。

制作工艺上将图案采用绗缝呈现，

同时用了面料肌理、缎带等细节元素，

整体表现出传统与现代结合，

将敦煌文化艺术用当代语言表达出来。

曲咪娜

2010年至今，创办中式服装品牌那曲（NagQu），创始人/设计师

2004年—2016年，我爱我家、多喜爱、至白，独立服装设计师、独立家具样板间及软装设计师

2001年—2004年，北京望族时装有限公司首席设计师，法国品牌娜芙娜芙（NAF NAF）、芦笛尔（RODIER）、碧尔贝（PIERB），买手

为期两个多月三百多课时的课程终于结束了，因为此次课程的开设，有幸再一次亲近敦煌、亲近历史、亲近校园、亲近优秀的专家老师、亲近相同热爱的同学们，无比感谢！

课程安排得非常紧密，也非常丰富，老师们课程的精彩，文字难表。如果一定要提出一些反馈，缩略如下：

1.课程设置跨度非常广，还特别设置有跨学科的课程，如敦煌变文、日常生活史、岩彩绘画等，特别受益，把敦煌服饰的设计放置到历史、地域、哲学、美学的大背景下，更加客观而丰富，黄征老师、侯黎明老师、马强老师的课程至今仍都在脑海徘徊，给我打开了另一扇窗。

2.课程中加入的哲思部分，让我们在想要传承的同时去思考为什么要传承，什么才是真正应该保留下来的。例如邱忠鸣老师、贺阳老师、娄婕老师、李迎军老师的讲课，抛出问题，引发我们深度的思考。

3.关于设计创新的部分，有多位老师用个人案例现身说法，给予大家许多的参考和借鉴。

4.服装史的部分：有好几位老师讲了服装史的相关课程，从款式到色彩，有几位老师讲得非常精彩而生动，如王亚蓉老师从考古的角度讲某一个朝代的某一种技艺的复原，让我们特别有兴趣在下课之后去深入了解更多的相关信息；蒋玉秋老师，不是单纯地在照本宣科似的讲历史，而是更有趣味；李当岐老师的关于欧洲服装史的部分，因为有了同时期的中西对比，反而让我们比之前的西洋服装史课更深地了解并反思东方。

5.关于敦煌石窟的讲解部分：这也是课程特别精彩的部分，赵声良院长的讲解深入浅出，有高度、有深度、有广度，却又浅显易懂。杨建军老师和崔岩老师的课程细致而扎实，为我们更好地理解敦煌、研究敦煌做了特别深厚的铺垫。敦煌的几位讲解员也非常专业，知识面极广，令人难忘。

最后，关于图案创作的部分，特别有幸我们听到了常沙娜老师、刘元风老师、徐雯老师等几位老师的讲课，几位老师给予我们的不光是图案创作的专业指导，更让我深切地感受到上一代的所谓"师者""学者"的风范，是师，也是楷模。特别是刘元风教授在课程开始时提出的："我们能跟欧美比时尚吗？能让我们在世界舞台上立足的一定是传统的、民族的！"以及"你们要想一下，能为这个世界留下什么？"这几句话，作为从业者深受感动与鼓舞，也促使我在传统服饰创新的路上更多思考、更多学习、更多努力。

以上随感而写，授课老师众多，未能一一列出，感谢有缘有幸受教。并要特别感谢工作人员的付出，特别是王可老师和张博老师，像家长一样照顾我们，处理各种日常杂事，还兼职敦煌导游等，非常辛苦！期待着我们的作品呈现，希望不辜负老师们的辛苦与期盼，也希望有缘还可以和大家再一次学习、分享和探讨。

《不鼓自鸣》

悬处虚空，不风而行。

来自敦煌壁画中第321窟、第335窟、第217窟等。

壁画上层绘有数十种乐器于虚空之中，

如飞天一般，姿态曼妙、彩带飞舞。

名之意："不鼓自鸣"一词多出自佛经，

一般在佛陀讲法时或讲法完毕，

天中自现瑞相，称颂赞叹。

时值祖国70华诞，

也希望以此系列表达美好的祝愿。

朱玲敏

2019年至今，北京服装学院，博士研究生在读

2017年—2019年，河北美术学院、北京服装学院天工传习馆，讲师、盘扣老师

2011年—2014年，唐山仟意工贸有限公司，顾问

2005年—2011年，唐山开元装备焊接有限公司，干部

这次参加北京服装学院"敦煌服饰创新设计人才培养项目"培训，实属幸运之至。历时65天的培训转瞬即逝，但受益匪浅。感谢国家艺术基金对此次项目的资助，由衷感谢项目组老师辛勤无私的准备和细致入微的安排。虽然只是两个月的学习，但是让我感受到大家庭的热情和温暖，以及良师益友的团结。

因为项目组给我们安排的都是敦煌文化最为资深的专家教授讲课，他们不仅学历层次高、博闻广知，而且授课水平高，听了以后的确长见识、开眼界、受教育。在没有接受培训之前，我对敦煌就一直神往，去年暑假还去榆林窟进行了实地考察，当身临其境接触到巧夺天工的敦煌壁画艺术之时，真的是很震撼。今年有幸参加项目培训，使我系统地了解了敦煌文化的博大精深、弥足珍贵和不可复制。常书鸿先生的坚守，常沙娜先生的执着，无数敦煌文化艺术家的付出，让我感动、感激、感恩。世界各国艺术家对敦煌艺术的重视和研究，敦煌文化对我的熏陶使我真正意识到保护敦煌文化的重要性、迫在眉睫，我们要行动起来，为保护敦煌艺术献出自己的绵薄之力。

课程集训虽然只有65天，但是对于我们来说，消化吸收需要一个很长的时间，沉淀知识、整理知识、运用知识、慢慢消化、逐步应用，将学到的知识变成具体的行动都需要很长一段时间。我已把自己视为一位敦煌人，日后用自己的实际行动来表达对敦煌文化的热爱和感动。

"致知在格物，物格而后知至。"集训过后，我要继续探究敦煌艺术的横宽和纵深之处，从中获得更多的灵感和智慧，让她成为我创作和处世的源泉与态度。系列作品的呈现只是一个开始，我一定会把它做好。我要集敦煌艺术的精华为我所用，为我的学生所用，努力传承敦煌文化薪火，尽敦煌人之本分，把敦煌艺术发扬光大。

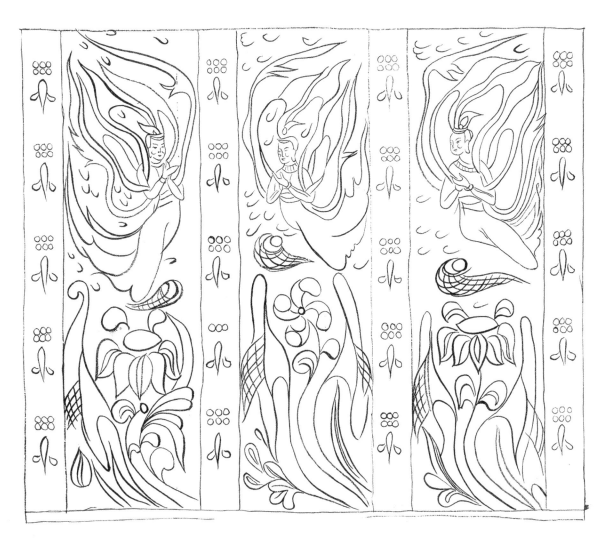

朱玲敏手绘作品

《阿修罗》(*Asura*)

　　此系列设计以手托日月、脚踏大海、身跃须弥山骁勇善战的阿修罗为设计灵感源，用真丝欧根缎挺括的质感、化纤面料的褶皱肌理来表现阿修罗的骁勇威武。用皮 U 编织铠甲上的锁子纹作为领子，诠释勇士的威猛。用传统工艺制作的创新造型盘扣和光感灯具结合模拟日月效果，以烘托阿修罗高大强壮的形象。运用传统服饰结构造型设计的服装来表达阿修罗信奉佛法的信念，通过传统造型结构结合传统盘扣工艺与现代时尚碰撞，表达现代设计理念。

刘云凤

2017年至今，自由设计师

2015年—2017年，浙江圣盾服饰有限公司、海宁菁艺服饰有限公司，自由设计师

2013年—2015年，海宁世纪华禧服饰有限公司，设计部负责人

2011年—2012年，海宁艾度服饰有限公司，设计总监

2003年—2010年，浙江沃姆斯裘皮有限公司，设计部经理

2001年—2003年，薄涛制衣中国有限公司，设计师

2019年5月，我参加了在北京服装学院举办的2019年度国家艺术基金"敦煌服饰创新设计人才培养项目"，这次的项目学习让我收获满满，获益匪浅。

神圣的敦煌莫高窟，令人心驰神往，这不仅是因为它辉煌的历史，更是人们对艺术、对信仰的膜拜与朝圣！如何在这一部跨越千年震惊世界的艺术史中汲取养分，传承、创新出新的成果，这就是我们学习的目的。我们每个人都有责任为伟大的民族复兴和"中国梦"贡献新的力量，这也是本次人才培养活动的核心目的。

这次培训项目组为大家精心安排了非常系统的专业课程，请业界专家给大家授课。给我们上课的专家有：刘元风老师、李当岐老师、赵声良老师、李薇老师、杨建军老师、贺阳老师、吴波老师、侯黎明老师等，数不胜数。王可老师、张博老师每天负责同学们的各项事务，也非常辛苦。我觉得每一位老师都非常优秀，尽职尽责，为了大家能有更多机会学到丰富的知识，两个月来，每一位老师都披星戴月，感谢各位老师的付出和努力！

项目组给大家安排的课程涉及多个方面，来自敦煌方面的主要课程有：敦煌的历史、敦煌壁画技法、敦煌服饰文化发展、敦煌文字研究等。来自服装方面的主要课程有：唐宋服装史、服装色彩、西方服装史等，课程丰富、知识层层积累，为每一位同学后续如何做创新设计打下了坚实的基础。

设计创新课程我们分了三个小组，我在第二组。楚艳、王子怡、张博三位老师在各自工作非常忙的情况下还要抽出时间给大家指导设计作品，我们第二组成员都非常感动。刘元风老师、崔岩老师对每一位学员更是倾注了大量心血辅导设计作品。总之，每一位老师都尽职尽责，和同学们沟通商讨方案，保证每一位同学最终都拿出了高水平的作品，在此感谢各位老师的辛苦教导！

来自五湖四海的同学们，在这次为期两个月的学习中，都非常努力，废寝忘食成为常态，听课时大家都生怕听不清楚老师说的每一句话，每一个字！学习的过程中，同学们互帮互助。感恩遇到各位小伙伴！

非常感恩北京服装学院组织的"敦煌服饰创新设计人才培养项目"，让我有机会来学习，有机会认识美丽的敦煌，感谢国家艺术基金给了我这次学习的机会，通过本次系统的敦煌服饰文化学习和敦煌考察研学之旅，让我对博大精深的传统文化和传承千年生生不息的敦煌艺术有了更加深入的了解。同时我也认识到自己应该承担的历史责任和光荣使命，希望自己今后能继续研究、学习、传承灿烂的敦煌文化！

刘云凤手绘作品

刘云凤手绘作品

《拈花微笑》

作品的灵感来源于敦煌莫高窟壁画、
塑像上飘逸流畅的衣褶、
络腋以及看似随心缠绕的绳结，
体现的是："深林人不知，明月来相照"的意境，
以及作者向往的"吞食百花，吸饮露水"的逍遥生活。

刘 颖

2018年至今，重庆木丁淳文化创意有限公司，设计总监、创始人；重庆手工编织协会手工中心副主任；重庆工商职业学校传媒与设计学院数创非遗数字化研究所（校企合作项目）非遗创新研发中心主任

2008年—2018年，重庆辉颖服饰有限公司、重庆晖印商贸有限公司，设计总监、创始人

2005年—2008年，北京大华天坛有限公司，技术部技术员、团支书

作为曾经的北京服装学院学子，2019年5月，刚来敦煌服饰文化研究暨创新设计中心报到，我有些恍惚，好像时间是个假象，母校还是那个母校，我从未离开过，当时我想："我一定要全勤参加，好好珍惜这次学习机会！"当长达两个多月的集中课程结束，我内心是无比满足的，却也有些不舍。这种体验在别的学习经历中是未曾有过的。

我2005年毕业的时候，真的是热爱服装、热爱设计，心中满怀着要在这个行业奋斗终身的梦想投入这个行业中。在服装行业打拼有14年，自己创业也有10年了，过程中经历了太多的酸甜苦辣，前些年我曾有段时间非常厌倦服装行业，对这个行业失去了信心。但是当国家艺术基金"敦煌服饰创新设计人才培养项目"课程学习下来，我久违的热情与信心仿佛又回来了。这次结业设计的时候，我尝试去感受千百年前画敦煌壁画那些不知名的画师们在创作时候的状态与心情，我得到了很多难得的心灵体验。是的，这个课程让我增长的不只是知识或者技法，还有心灵的成长。我也能体会到中心老师的良苦用心，老师们认真负责的做事方式与格局也感染到我，其实这两天每每想到这些，我都热泪盈眶，说不尽的感激！

我想有这次学习机会的种子，未来我会更加坚强与从容，争取像敦煌千百年前的画师一样全情完成一幅幅完美的人生画卷！

刘颖手绘作品

《密行供养》

灵感来源于莫高窟盛唐第148窟南壁龛角壁西侧如意轮观音经变局部、
莫高窟初唐第334窟东壁门北十一面观音经变等密教佛菩萨衣饰。
"表达经咒响起时，
法界虚空之中，
现出不可思议无量无边供养圣物……"

刘 瑶

2018年至今，时·工坊刺绣工作室，刺绣艺人

2015年—2018年，SISSI曦设计独立工作室，服装设计师

两个月的集中授课已接近尾声，虽然我们都是已经走上工作岗位的学生，但这种工作—学习—实践—再学习—再实践……的学习模式，使我收获颇多，受益终生。回顾这两个多月的学习历程，感受颇多。在这里，教师的博学，同学的真诚，虽说我已经是工作了好几年的人，但回忆起那般情景，那份纯净，仿佛又回到了学生时代，一如那般学习的劲头。

在听课期间，真切地感受并且赞叹所有授课老师讲课之精彩，他们既治学严谨又才情洋溢；既有系统渊博的知识，又有生动形象的实例；既对理论进行系统传授，又对现实加以深入剖析……使我们每位听课者有幸在愉悦的氛围中接受高质量的学习。

这次学习机会非常难得，我也特别珍惜，把学习当成完善自身的需求，也把学习当成促进工作的动力。此次我们全面系统地学习了敦煌学专业知识，拓展了自己的知识面，培养了自己的敦煌学实战能力。经过这次的学习，也更加明确了自己的发展方向。每位老师都说敦煌是个取之不尽、用之不竭的宝库，莫高窟也凝聚了无数前辈的心血，他们的智慧，他们的思想，在这里达到了一个新的高峰，希望我能用我所学的知识创作出更多的作品，也希望我能尽到自己的一份绵薄之力。

此次学习之行转眼间就要过去了，经历了很多，也是我想经历的，认识了许多新的朋友，学到了很多专业知识，都是我很珍视的，感谢每一位老师和同学。

刘瑶手绘作品

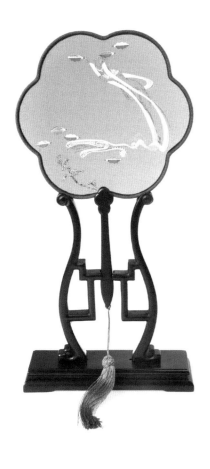

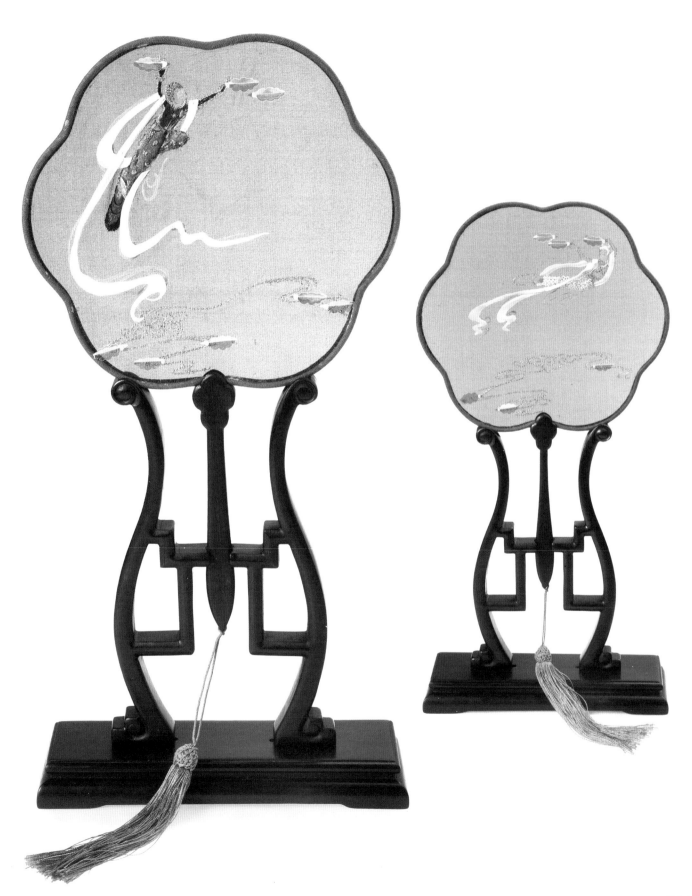

《黄沙与飞天》

此次作品借助中西方的刺绣手法来制作，
也是首次将敦煌土引进刺绣中。
两对飞天相互追逐、前呼后应，造型优美。
在制作中让作品整体呈现出立体感，
用法式刺绣的工艺表现云纹流畅的线条，
发饰和部分身体选择垫绣的手法，
飘带采用立体的手法，
让整体平面与立体的对比更强烈。

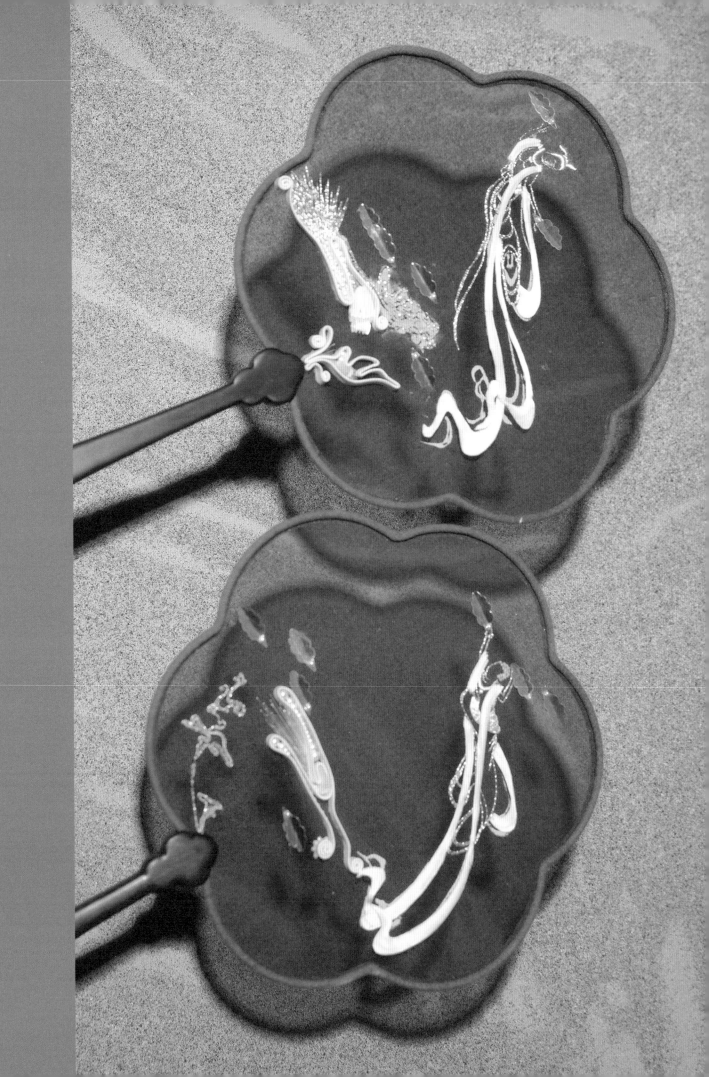

远雅静

2021年至今，伦敦艺术大学，伦敦时装学院，硕士研究生在读

2020年—2021年，中国服饰科技研究院，科研助理；清华大学社科学院，地平线计划，三期成员

2019年，北京清泽文创科技发展有限公司，文创设计师

2018年，路易·威登（中国），硬箱彩绘师

2016年—2018年，北京质感生活科技有限公司，产品设计师

中国文化根深叶茂，具有极强的生命力，是可持续发展的伟大文化。敦煌文化艺术又被称为东方世界的艺术博物馆。随着"丝绸之路"的申遗成功、"一带一路"建设的不断推进，世界的目光都聚焦到了敦煌，敦煌的文化价值正在被世界重新认识。

我很荣幸参加2019年度国家艺术基金"敦煌服饰创新设计人才培养项目"，此次主题是关于敦煌服饰文化和现代艺术的结合，通过对敦煌文化的研究学习，再融入现在的服饰设计，从而达到融合创新的效果，让更多人能够重新认识这一段被封存的文化价值，让世界能看到我们中国的伟大文明。

从"干货满满"的理论课，到"行程满满"的敦煌实地考察，每天都在接触新的知识，在头脑风暴中度过充实的每一天。去敦煌时，经过36小时终于抵达敦煌。实地考察和授课期间，有专业的老师为我们讲解，在敦煌研究院有专家实践授课，专家们从各个角度为学员们详细讲解了敦煌艺术的博大精深。和老师们、学员们一起度过的集中上课的两个月，我不仅收获了知识，也收获了珍贵的友谊。这是人生中重要且珍贵的一段时光。

文化长河源远流长，历史洪流滚滚向前。优秀传统文化永远是文化长河的美丽源头，也必然是历史洪流滚滚向前的不懈动力。关键是如何让优秀传统文化走出昨天、走出闭塞、走出陈旧，能够在今天焕然一新，成为促进时代发展的动力，成为现代人需要的文化营养。这就需要我们利用新的技术或古老的手法，让优秀的文化传统与现代意识、现代科技、现代需求结合。研习传统，了解当今，创造未来。

感谢国家艺术基金，感谢各位领导、各位老师的教导，感谢学员们的陪伴，我会铭记这次珍贵的经历。在下一阶段，除去浮躁、潜心沉淀，将当下的生活和社会需求与传统文化艺术结合起来，使传统的艺术也具有时代精神，突破自己，做出更好的艺术作品。

远雅静手绘作品

《敦煌妙音》

我的灵感来自敦煌艺术，
我选取了乐舞的舞伎和装饰图案，
时间选在繁盛的唐朝时期。
我将图案重新构图、绘制、配色，
作为印花放在缎面的服装上，
可作为家居服，也可作为休闲装。

李叶红

2011年至今，无锡城市职业技术学院，专任教师
2009年—2011年，惠州学院，专任教师

"敦煌服饰创新设计人才培养项目"集中授课的时间已经接近尾声，这段"回炉"提升的时光令人难忘。首先要感谢国家艺术基金对此次项目的资助，使我有幸参加培训；其次，感谢项目各位老师的辛苦教导；最后特别感谢北京服装学院敦煌服饰文化研究暨创新设计中心提供的各项服务，以及中心工作团队的辛苦付出。

在两个多月的学习中，我们这些项目学员在各位导师的指引下，从了解敦煌文化艺术到实地考察再到最后的设计创作服饰作品，全程激动紧张地投入到敦煌服饰文化研习和艺术创作的学习中去，每位学员都收获满满，技与艺都取得了较大的进步。通过此次的学习，我对敦煌文化艺术以及如何以敦煌为灵感来源进行现代服饰设计进行了深入的体验，为我以后的艺术创作和科研提供了有效的研究方法，也为我以后的研究指明了方向。

此次培训项目的师资水平很高，我倍感幸运。教学团队中有前中央工艺美术学院院长、清华大学美术学院教授常沙娜先生，原清华大学美术学院院长李当岐教授，清华大学美术学院的李薇教授、杨建军副教授、李迎军副教授、吴波副教授；北京服装学院的前院长刘元风教授、王群山副教授、楚艳教授、王子怡副教授、崔岩副研究员、齐庆媛副教授、宋炀副教授；敦煌研究院的赵声良研究员、娄婕研究员、马强研究员；英国王储基金会传统艺术学院的山姆·芬顿老师等。期间还有中国社会科学院考古研究所特聘研究员王亚蓉老师、故宫博物院研究员孟嗣微老师的助阵。这些专家、教授在文化、设计界影响力颇高，组成了此次培训项目师资的强大阵容。各位老师尽心尽力地为我们讲解知识，答疑解惑，使我们获益匪浅。从各位老师的教学中，可以感受到他们对学术的严谨、对工作的负责和对于年轻设计师的关心和期望。崔岩、王可两位老师作为项目联系人在这期间一直辛劳付出，总是从清晨忙到晚上，她们与学员一样没有休息过一天。我们每一位学员都深受激励和鼓舞。

虽然集中授课只有两个多月的时间，学员们之间却都建立了深厚的友谊，以后大家还将继续交流，互相促进。我坚信，这个培训班的学员通过此次国家艺术基金的项目培训，一定会创作出更高水准的设计作品，敦煌文化艺术也会在大家的努力下在全国范围，乃至世界范围得到进一步深入推广。

李叶红手绘作品

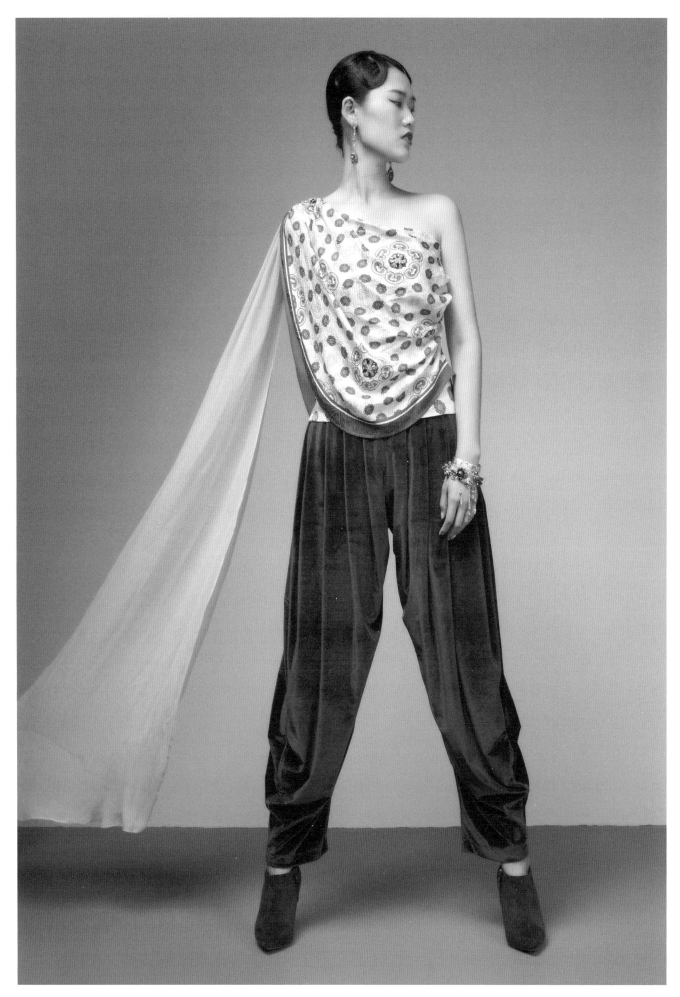

《大美敦煌——曹衣出水》

灵感来源于北齐佛教画家曹仲达的"曹衣出水",
其结构特点是服装与身体十分贴合,
衣身上成组的线条等距离密集排列。
本系列服装运用面料的特性,
利用捏、折、省、叠、压等手法形成有规律的线条造型,
与人体着装后构成一种和谐流动的韵律美感。

李　莉

2002 年至今，河北大学艺术学院，教师

感谢项目组每一位老师的辛勤付出，感谢项目组给了我这次学习的机会。经过两个多月紧张而忙碌的学习，使我深深地感受到敦煌艺术的魅力，敦煌壁画是世界文明的瑰宝，具有极高的历史、设计和艺术价值。

"敦煌服饰创新设计人才培养项目"在课程设置上和节奏衔接上都十分科学合理。课程分为理论学习、实地考察、创作实践三个方面。围绕敦煌服饰文化主题展开一系列相关课程的讲授，整个培训学习的安排是理论和实践相结合的形式，有利于更好地理解和学习敦煌的艺术。理论的学习除了课堂上讲授还结合了很多不同专家的讲座，来丰富理论学习的内容。前两周通过理论学习使我们对敦煌艺术有了一个宏观的认识，进而详细阐述了敦煌服饰文化和艺术的内容和形式，分析传承与创新设计的应用元素。紧接着去敦煌实地考察，考察过程中有实地考察、专家实践授课、学术资料查阅，使我们更深入了解敦煌服饰文化艺术的历史内涵和艺术特征。实践部分除了敦煌的实地考察，项目组还安排了我们去清华大学艺术博物馆、中国国家博物馆、首都博物馆、北京石刻艺术博物馆参观学习，在实践课程部分安排了一周英国王储基金会传统艺术学院工作坊的学习与绘图。

项目组请来了在敦煌艺术专业领域和服装设计领域的国内领军人物给我们授课，很多都是我们心目中敬仰的艺术大师。每位老师都把自己在相关专业领域的研究成果与学员分享，使我们受益匪浅。

项目组给我们提供了非常舒适的教学环境，教室里有很多与敦煌相关的文献与图册，供大家参考。不仅如此，项目组为了给大家提供更多的学习机会，还帮我们联系了北京服装学院的图书馆，可以随时去查阅更多的资料。在生活方面考虑得很周全，整个培训过程中每位老师都很敬业。

这是我第一次近距离地接触敦煌，大量的知识内容汇总在一起，甚至感觉自己还没来得及消化与思考。通过这次培训项目的学习，让我对敦煌壁画图案艺术的传承与创新有了更多启发和感想，我们有责任去传播敦煌的文化、敦煌的艺术，让这些精髓的艺术形式更好地应用到当代生活中去。常沙娜老师说的一句话给我印象极深，"生命不息，跋涉不止，"我将铭记在心。

李莉手绘作品

《绿影·婆娑》

该系列服装设计以沙漠的颜色为主色调,
以敦煌唐代石窟中典型的朵云纹样为主要图形,
与飞天的飘带交织在一起构成了图案的主体画面,
舞动的形象不断重复作品的形式感,
工艺上运用了绗缝拼贴的技术,
整体营造出了一种富丽、飘逸、灵动之美。

杨 焱

2021 年至今，Facility Chicago，设计助理

2019 年—2021 年，芝加哥艺术学院，硕士

2018 年—2020 年，花·九（Flower Nine）私人高级订制，设计师

2018 年—2019 年，北京服装学院继续教育学院，教师

2015 年—2016 年，北京中关村时尚产业创新园，编辑

此次敦煌之行，行走在大漠途中，思绪已然飘至那个文化交流碰撞、波澜壮阔的年代。敦煌莫高窟作为我心中至圣之地，一直充满了神秘感、庄严感。我很荣幸此次能参与进这个项目之中，一览当时的灿烂文明。

莫高窟坐落在河西走廊西端的敦煌，始建于十六国的前秦时期，经历代兴建形成巨大的规模，是世界上现存规模最大、内容最为丰富的佛教艺术地。在敦煌学习的这些日子中，我领略了石窟艺术的绚烂多姿；也真实地感受到了当时的文化；也感慨这些珍贵历史文物保存至今的来之不易。

莫高窟从不同层次直接或间接地折射出当时的社会风貌，具有鲜明的时代性，为我们研究古代的社会生产、衣冠之制留下了弥足珍贵的物质文化资料。壁画中大量极富装饰性的图案，如藻井边饰、佛龛、彩塑艺术等都反映了我国工艺发展的高度水平。壁画题材的丰富性、艺术风格的多样性都俨然将敦煌莫高窟幻化成"墙壁上的图书馆"。为期近三个月的集中学习历程让我自知需要学习的方面还有很多，也更加尊敬那些历经时代洗礼的、将青春奉献给研究和保护敦煌文化的老师们。

在敦煌石窟存在的千年历程中，时值中国文化交流融合的重要发展时期，因此她也成了丝绸之路上一段最绮丽的风景。我们现如今感叹历史文明的灿烂辉煌，也更珍视"一带一路"建设引来的机遇和发展。我们将致力于在服饰文化领域中也能走出复兴的道路，迈入新的辉煌。

杨焱手绘作品

《敦煌旅行者》(*DunHuang Traveler*)

作品灵感源于敦煌莫高窟第 390 窟，该窟始建于隋代晚期。

此系列将窟内壁画中的飞天、藻井等元素汲取至服装中来。

窟内缠枝莲花藻井及西壁龛内的内层龛顶所绘飞天十二身尤为精彩。

在面料选材、装饰工艺及印花图案上皆有所体现，

反映了传承文化与探寻时尚的诉求。

豆肖楠

2021年至今，中国艺术研究院，博士研究生在读

2016年至今，独立珠宝设计师、琢玉师

时间过得真快，一转眼两个多月的脱产学习就结束了。非常珍惜这次的学习机会，大家相互关爱且无私分享，有了灵感会相互探讨和交换意见，这种感觉，就像一个十分默契的团队。

在此，十分感谢所有的老师，不管是在课堂上倾囊相授的老师，还是在生活方面帮我们协调得井井有条的老师，这次学习所收获的太多。在学习敦煌之前，我对它的感情仅限于被其华美的外表所吸引，走进敦煌后，才真正了解了这千年年华美外表下的精神力量。我这次的创作是一套表达敦煌精神力量的珠宝设计作品，而之后，我希望将敦煌中的很多元素进行商业化创作，只有将敦煌元素进行现代化实用设计，并推向市场，敦煌文化才会慢慢被大众所了解、传播，中国文化才会打动更多的人。

在2018年的年底，朋友圈流行了一个问题：2018年你所做的最有意义的事情是什么？当时努力回想了这一年，好像没有什么可以值得拿出来讲述的事情，顿感悲哀。人生就几十年，我们是不是要在自己的舒适区之外多一些新的尝试？如今2019年已过去一半，我相信今年再被问到这个问题时，我会很从容地回答，我参加了"敦煌服饰创新设计人才培训项目"，去了敦煌，做了一系列在自己原有的知识结构上更进一步的研究和创新。未来，这种创新还将继续。这是结束，却也是开始……

豆肖楠手绘作品

《生生不息》

　　本套作品灵感源于残破却富有生命力的敦煌壁画，通过对敦煌飞天的深入学习和研究，我将飞天的形、线、色相互结合和协调，设计出一套（4件）雕刻类首饰创意设计。作品选择西魏、隋、唐、西夏四个朝代的代表性飘带来演绎飞天，融入和田玉、玛瑙、青金石、岫玉中的多种颜色来雕刻并呈现敦煌，进行首饰化的演绎，体现出敦煌壁画的生生不息、延绵不绝。

吕倚伊

2018年至今，中国中丝集团中丝帝锦公司，设计师

2016年至今，北京呓客文化发展有限公司，创始人

2015年，纽约时装周品牌，安娜苏，设计师

2013年—2014年，巴黎时装周品牌，曼尼什·阿若拉，设计师

2012年，北京一商红都服装服饰有限公司，助理设计师

　　能申请加入国家艺术基金"敦煌服饰创新设计人才培养项目"对我来说是极高的荣誉，也激发了我创作的原动力。国家艺术基金犹如一只强而有力的臂膀，让我在学习理论课程、实地考察、艺术创作的过程中能够比较清晰地把握项目对文艺作品的要求和方向，能够从自身条件出发去努力创作国家需要、社会认可的优秀艺术作品，这些都让我从心底萌发出了强烈的归属感和文化自豪感。

　　项目第一阶段的课程已圆满结束，作为项目学员，我和同学们一起学习、进步的两个月时光令人难忘。授课方式共分为3种，分别为集中授课、实地考察及创作指导，课程环环相扣、内容丰富有趣、主题特色鲜明，既保证了知识性和技能性，又增添了创新性和拓展性，为下一阶段的创作和展览提供了非常坚实的基础。此次培训项目的教学队伍水平很高，在集中授课这个环节，教学团队中有常沙娜老师、刘元风老师等行业泰斗。在实地考察环节，我们到了敦煌莫高窟进行深入调研，真切感受到了敦煌的魅力，在创作指导环节，北京服装学院的各位资深设计导师们对我们进行了深入的一对一指导。导师团队尽心尽力地为学员们讲解知识，答疑解惑。从各位老师的教学中，可以感受到他们对学术的严肃认真，对工作的负责精神和对于年轻设计师的关心和期望。两个月的时间有限，但每位学员都收获满满，技与艺都取得了较大的进步。

　　国家艺术基金是属于"艺术"的基金，旨在挖掘有潜力的青年艺术人才，激发创作热情，对文艺创作者给予有力的情怀关照。作为获得它资助的艺术创作者，我感到万分的荣幸。我要感谢国家艺术基金给予我们资金支持，让我们可以心无旁骛、专心致志地投入艺术的创作中。也要感谢北京服装学院，助力了我的敦煌艺术创作梦，最后，还要感谢北京服装学院敦煌服饰文化研究暨创新设计中心工作团队的辛苦付出！

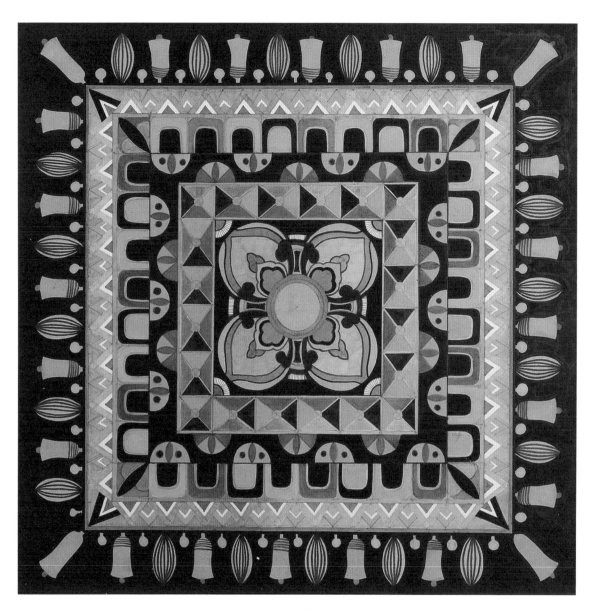

昂倚伊手绘作品

系列一:《无边无际》(*BOUNDLES*)

　　敦煌石窟和壁画虽然会随着时间的流逝而逐渐消失,但是其艺术精神是永恒的,设计师试图运用敦煌壁画中的佛、飞天、山水、题记等元素,来表达对"永恒"和"瞬间"这两个概念的探索。

系列二:《自由=牢笼》
（*FREEDOM=PRISON*）

沈 雪

2008 年至今，北京理工大学珠海学院，教师

2007 年—2008 年，香港高荷国际有限公司，设计师

2005 年—2006 年，美国 Ann Taylor 有限公司上海分公司，技术支持

2004 年—2005 年，美国 William E. Connor 集团有限公司上海代表处，培训生

时间如白驹过隙，两个多月的课程画上了句号，虽然略觉轻松，但也意识到后续的作品制作也是一场硬仗。在这两个多月的学习中，非常感谢项目组的精心安排，如此高饱和度的课程和一流的教师团队，虽然课程压力非常大，但收获也是巨大的，而且我相信这并不只是眼前的收获，对于我们每一位学员今后的个人学习与发展也影响深远！

课程无论深度和广度都远远超出预期，有设计学、美学方面的专家，也有文献类、历史类的学者，更有两者兼具的先生，共有 30 位来自清华大学美术学院、敦煌研究院、中国社会科学院、故宫博物院、南京师范大学、北京服装学院等高等院校和研究机构的老师，总课时达 320 学时。除此之外，还有来自英国王储基金会传统艺术学院的山姆·芬顿（Sam Fenton）老师，从几何构图的角度为我们讲授了图案设计的方法。对于敦煌服饰艺术的热爱，是我申请这个项目的初衷，在这个项目里，正如刘元风老师对我们提出的期望，希望通过这段时间高强度的学习，能够在专业上有较多的收获，能力上有较大的提升，设计出更好的作品，为我国传统文化的传承与创新做更多贡献。

除了课堂授课外，在莫高窟的集中考察也让我们对敦煌的认识更加深刻。再一次感谢主办方，感谢为我们授课的老师，特别感谢指导老师们给予的无私帮助与指导，还有崔岩老师、张博老师、王可老师、常青、杨婧嫡在这一阶段的支持与帮助！何其有幸能够遇到这么多良师益友，希望自己的作品能够顺利完成，也祝愿项目圆满！

沈雪手绘作品

《绎程》

敦煌是丝路重镇，
敦煌壁画自北朝起就保留了大量的联珠纹图案，
联珠纹作为域外的特征性图案逐渐中国本土化，
作为中西文化交流的证据在后续的岁月中继续发挥装饰作用。
作者取材隋代菩萨塑像上的联珠翼马纹，
通过不同的工艺手段和图案构成运用在作品中。
敦煌就像丝路上的时光宝盒，
浮光掠影里，
还原大漠中人们曾经留下的脚印。

张 淼

2012年至今，吉林工程技术师范学院，教师

2006年—2008年，深圳厚郁服装有限公司，设计师

时光荏苒，两个多月的"敦煌服饰创新设计人才培养项目"的培训部分即将结束。我有幸作为全国被遴选出的三十名学员之一，来到北京服装学院参与了此次项目培训。作为项目学员，我和同学们一起学习、进步的两个月时光非常令人难忘。首先要感谢国家艺术基金对此次项目的资助，让我有机会接触并深入学习敦煌艺术。其次，感谢项目组的各位老师和先生的教导。最后，感谢北京服装学院提供的各项服务以及敦煌服饰文化研究暨创新设计中心所有老师的辛苦付出。

在两个月的学习中，我同所有项目学员一起在各位先生、老师的指导下，全程紧张地投入到敦煌艺术的理论学习、绘画技法研习和艺术创作的学习中，项目期间，我们全程无周末休息，项目组的老师们也一样，没有休息过一天，全程陪同、指导，为我们解决各种从学习到生活中遇到的问题，一直为这个项目辛劳付出。我们每一位学员都深受激励和鼓舞。通过此次的学习，我对敦煌艺术有了更进一步的了解。以下是我对学习内容的心得体会。

老师们丰富的理论知识让我从对敦煌的一知半解到今天充分意识到了敦煌艺术对中国文化史的重要性。在继承传统的基础上，促进当代艺术的发展，如何融合再生进而产生新的艺术创作，是目前摆在我们面前的一个重要课题。

去敦煌实地考察的课程可以说是视觉盛宴之旅，外看大漠荒烟，内看历代洞窟里祖先们非凡的艺术造诣，信仰坚韧、才华横溢、繁盛兴衰，虽然之前在很多文献资料里也看到过图片，但是当真正亲眼看到这些古代艺术的那一刻，比看书惊艳、震撼太多。信仰产生了伟大的创造力，在这些洞窟里，我看到的是宗教精神下的理想主义和浪漫主义，让人热泪盈眶。敦煌文化的的确确是取之不尽、用之不竭的艺术宝库。在敦煌研究院的绘画技巧课，让我重燃了对手绘的热情，画笔仿佛有一种能让时间静止，让空间重叠的魔力。虽然现在用电脑比较多，但还是暗下决心，以后也要经常动笔画画。

进入创作部分，大家都非常努力，同学们经常从清晨忙到深夜。大家都想要把这两个月以来所学以及对敦煌深深的热爱，融合进自己的作品当中。我在努力创作的同时，也深感自己的不足，经历了想法很多很散、到推翻一个又一个、再到静下心来具体到某个最爱的洞窟，从中获取灵感、提取元素，在整个过程中深感创作的艰难和快乐。

最后我想说，一位称职的艺术工作者，必须具备勤奋的学习态度和敏锐的洞察力以及强烈的表达欲，要不停地看书学习与思考，勤奋努力地研究与实践，同时，要有敏感的审美意识、社会责任感、社会担当，以及积极向上的生活态度。设计应该是一种生活方式，"做一生的学徒与行者"。再次感谢这65天里遇到的每一个人。

张淼手绘作品

《听法》

　　作品灵感源于莫高窟第272窟西壁龛外南侧北凉时期的听法菩萨壁画，画面色彩凝重，具有强烈的印度和西域风格，充满舞蹈的动感。作品汲取了壁画浓烈的色彩，以轻松的波普风格图案与几何造型的现代元素加以融合。

陈丽宇

2013 年至今，重庆夏时服装设计工作室，设计师
2006 年至今，重庆航天职业技术学院，副教授

我对敦煌的热爱和致敬远没有宗教般虔诚，但也可以在心中长出美丽的小花……

我的敦煌故事是从那个不是方的、不是圆的、不是舞台、不是话剧、没有形状的地方展开的，那是像沙漠里的一滴水的"又见敦煌"剧场。从前期敦煌理论课程的了解：朝代、纹样、色彩、风格的理性认识，跨越到感性的体验，当张骞踏回敦煌（又见敦煌）对着众人呐喊"你在吗？你在吗？你在吗……"都督夫人、李白、众僧侣们纷纷作答"我在、我在、我在……"虽是台词，也是我心中所想。是的，我在，我也在，你是我的一千年，你是我的一瞬间。于是，"我在"变成了贯穿整个创新项目的核心，我在当下仰望敦煌。

对于我们这个"敦煌服饰创新设计人才培养项目"，不仅是一个组织创作、展览、传播敦煌文化的平台，更是一个以共同服装人的理想和愿心为根基，并强调敦煌艺术在当下语境中的独特价值为目的，而紧密联系在一起的群体。我们保持着统一敦煌艺术指向的同时，就个体而言对敦煌进行独特风格表达的创作机缘，或许冥冥之中我们在不同的时期就曾来过这里，虔诚信仰。我们所有的儿女，都可以为敦煌而骄傲，但是，我们拿什么给我们后人骄傲？唯有努力，努力，再努力……

感谢的话太多，感谢的人太多，所有的感谢化作踏实的创作，用我们的实际行动去实现我们的初心，去实现我们对敦煌的愿心。

陈丽宇手绘作品

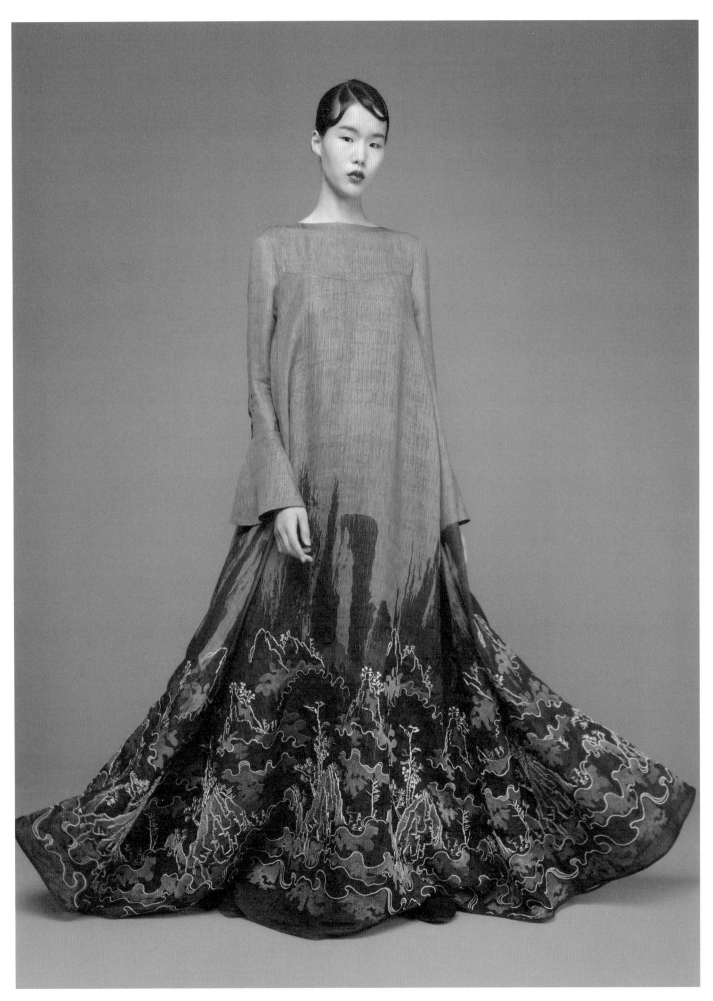

《莫高山水》

敦煌壁画是有节奏的，
每个情节和颜色都是可以紧扣起来的，
这种势的连续，
形成了音乐的节奏和韵律，
极富浪漫思想和想象力。
敦煌莫高窟西魏第249窟狩猎图中的山水画，
繁缛的山水开始多见，
甚至能看到青绿山水的雏形，
对树木的刻画也细致起来，
树的形象开始大于人，
对山石的勾勒自由奔放又不缺乏细节。

陈晓君

2010年至今，北京舞蹈学院，讲师

自参加工作以来，已经快10年了，这10年里我完成了一个从学生到老师的角色转换，也从来就没有想过还能够再次返回课堂，直到看到了北京服装学院发布的2019年度国家艺术基金"敦煌服饰创新设计人才培养项目"的招生简章，我无比兴奋，毫不犹豫地准备材料、报名，一气呵成。

敦煌文化博大精深，服饰是很重要的一部分，我们从敦煌的雕塑、壁画、绢画中均能看到中国古代服饰的影子。我的专业是舞台影视服装设计，之前早就想要潜心研究敦煌艺术，遇到这样的机会真的是非常难得。还记得第一天开课的情景，我一字一句地听着，生怕漏下老师讲的每一个字，记得刚开始是《敦煌艺术概论》，老师讲了敦煌的历史、壁画的佛教故事，我听得如痴如醉，惭愧于自己知识的匮乏，又像一只饥渴的小鸟一样恨不得把老师讲的每一个字都记在心里。我真的学到太多了！当时就在想，后面会讲什么呢？结果，后面的课程就像海浪一样，越来越精彩，收获最大的应该就是在敦煌研究院学习的10天了，我们每天都走进石窟，一天十多个窟，走进研究院，参观岩画家们精美的复原壁画，每天都收获满满，记忆最深的是赵声良书记、马强所长的讲座，用那么朴实平淡的语言，却让我们看到了他们的伟大！无比崇拜！

总之，这次有幸参加了国家艺术基金举办的"敦煌服饰创新设计人才培养项目"，令我更加深入地了解了敦煌服饰文化，感恩，满足。

陈晓君手绘作品

《五十七窟供养菩萨像》

此作品选择了第五十七窟的供养菩萨像，
用刺绣的方式还原了敦煌壁画的原生之美，
创新地使用了机绣、手绣、手绘相结合的方式，
以此向那些默默无闻的敦煌壁画还原者致敬。

武学谦

2013年至今，河北科技大学纺织服装学院，教师
2008年—2010年，江苏苏美达轻纺国际贸易有限公司，女装项目设计师
2004年—2007年，北京庄子工贸有限责任公司，皮装主设计师

时光荏苒，转眼间两个多月的集中授课学习即将结束，回顾过往，心中充满的是无尽的感恩与难忘。国家艺术基金的每一个项目都是过五关斩六将才得以立项，北京服装学院的"敦煌服饰创新设计人才培养项目"从一百多项申报中脱颖而出，才有了我们今天的学习平台。感恩今天开放的社会环境，感恩该项目团队老师们对此项目的付出。

难忘开班第一课，北京服装学院的董瑞侠教授给我们上了一堂生动的思政课，"精彩的课堂需要恰当的教学方法，高明的方法就是一种工作艺术"，董教授的思政课让我们领略了课堂讲授的艺术。他把国家宏观的政策和我们专业的发展紧密结合在一起，精彩的案例让我们对国家政策有了更加深刻的理解。

接下来的课程，更是让我们受益终生。当年的"敦煌少女"如今已经年逾九旬，但谈到黄沙与蓝天的故事，常沙娜老师双眸迸发出的对敦煌的热情与执着深深感染着我们每一位学员。王亚蓉老师年逾八旬依然行走在纺织考古前线，两位先生的笃定、践行，令人感动，课堂不时响起阵阵掌声。难忘见到母校老师时的激动与喜悦，老师们在各自的研究领域远见卓识，是服饰文化研究的践行者，刘元风教授分享的"生活在低处，精神在高处"，让我对前辈老师的精神信念有了新的认知，老师们带来的不仅是学识的熏陶，对我们今后的生活和工作更是一种心智的洗礼。

紧凑的课时安排和赴敦煌的实地考察，不仅收获知识和开阔视野，还令我收获了更为宝贵的师生情、同窗情，而这将会是我们人生中非常珍贵的一座精神宝库。再次感谢北京服装学院敦煌服饰文化研究暨创新设计中心，感谢国家艺术基金对此课程项目的支持与资助！在接下来的三个月我将尽自己最大努力完成作品，将敦煌文化给予我的最大感动以服饰作品为载体呈现出来。

武学谦手绘作品

《观像·观想》

灵感来自敦煌莫高窟第254窟的壁画《萨埵那太子舍身饲虎》，
画面中的悲剧美和使人恐惧的崇高感令我感动，
壁画中体现的"势"将现实的痛苦化为审美的快感。
服装中的图案取自壁画萨埵那太子刺颈、跳崖部分。

周 晨

2007年至今，山东工艺美术学院，教师

首先，非常感谢"敦煌服饰创新设计人才培养项目"给我这个机会来进行与敦煌及服饰相关的学习，在培训学习期间，刘元风教授认真严谨的学术态度使整个培训班的学习氛围非常积极向上。在刘元风教授的带领下，大家都在踏踏实实尽自己的最大努力，希望用自己的力量能对敦煌的传承与创新做出一点贡献。

常沙娜老师在山东工艺美术学院举办《花开敦煌》展览的时候，我就深深地被敦煌艺术所吸引，敦煌石窟壁画及造像涵盖的内容非常丰富，从历史到宗教，到民俗，到服饰，处处都是值得我们研究的宝藏，是一座名副其实的宝库。

培训课程安排得非常合理，从培训课程授课的老师那里我们获取了更多的与敦煌相关的历史和文化知识，从理论上扩充了自己的知识结构，更加深化了自己对敦煌艺术的认知，从传统服饰研究方向的老师那里获取了与传统服饰相关的大量内容，刷新了自己对传统服饰的认识。从对敦煌历史研究的老师那里看到了敦煌服饰及其他的历史变迁，从服装设计的老师那里看到了他们对敦煌服饰的研究与创新设计，在短期内这么多优秀的教师来为我们授课，实在获益良多。

在培训过程中，我既丰富了自己的知识，也增长了自己的阅历，在这次培训的结业作品中进行了新的尝试，将敦煌壁画中的色彩和造型元素进行了现代再设计，让美丽又悠久的敦煌艺术能有一个现代创新转化，在以后的设计和教学以及研究中我会继续运用所学知识将敦煌艺术进一步传承与创新。

敦煌是一粒种子，种在我们心里，会继续长大，而且会继续传承下去。

周晨手绘作品

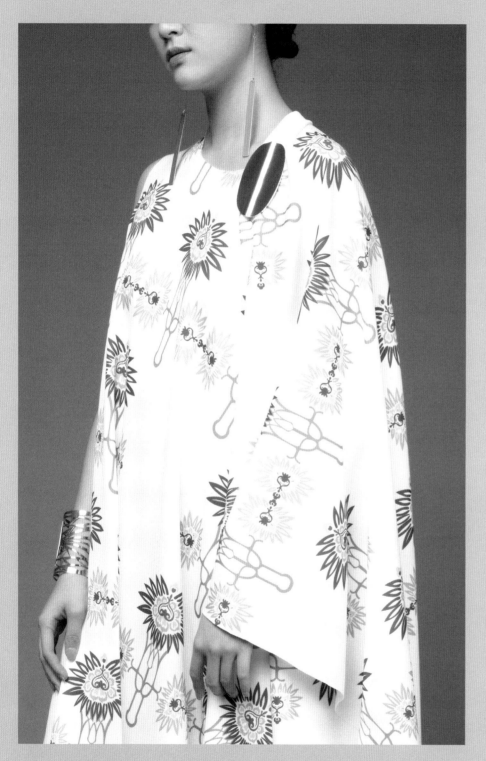

《娑罗》

作品设计的创作元素造型及颜色都源于敦煌壁画及塑像，
印花图案来源于敦煌壁画中的娑罗树。
将娑罗树叶花叶一体的形态加以抽象变形，
进行一定的几何化处理使其更具有现代感。
服装设计主要将娑罗印花图案与敦煌壁画的代表性色彩相结合，
有的服装款式结合敦煌塑像中佛像的袈裟和络腋的形制进行创作，
数码印花与立裁相结合，整体设计既传统又有创新性。

赵亚杰

2011年至今，北京工业大学艺术设计院，专业教师
2002年—2011年，北京艺术设计学院，专业教师

从申请到荣幸进入国家艺术基金"敦煌服饰创新设计人才培养项目"的学习，幸福感就一直萦绕心间。重新回到老师们身边做学生，从理论学习、专业考察、设计探索三大部分展开了丰富的体验之旅。

高效密集的理论学习阶段，各位老师作为中国传统文化研究的奋进者、敦煌艺术研究的先行者、文化传承的引导者，带着我们从理论角度分享了：敦煌的石窟艺术，敦煌书法的欣赏，按时期、多角度地梳理了各时期敦煌服饰艺术的特点及服饰文化变迁，丝绸之路视觉文化的研究等。结合理论研究，各位老师分享了各自的实践探索：中国敦煌历代装饰图案的继承和创新、民族服饰纹样的传承与创新应用、纺织考古中的刺绣技艺、新丝路上的东方色彩、传承中的智慧、传统的当代显现、图案设计基础等课程。组织来自国内和日本的传统印染技艺的研究者，展开天然染色技艺的实践与交流。

带着刘元风老师送给我们的"生活在低处，精神在高处"的话语，我们一路向着敦煌，乘着复古的绿皮火车开启了专业考察阶段的学习。带着对敦煌民俗风貌、历史变迁的无限向往，我们数次进窟对彩塑、壁画等进行实地考察、描摹学习、研读藏书。敦煌延续千年的石窟艺术，强烈震撼着我们。敦煌文化艺术，凝聚着中华民族的生命力和创造力，是前人智慧的结晶，也是全人类文明的瑰宝，传承与保护是必然的要求。

通过本次学习，植根于深厚的敦煌文化智慧基础上，我在理论创新和实践创新的统一与良性互动中寻找设计灵感、开拓设计思路、进行创新实践，最终完成了手绘临摹纹样、图案专题创作与服饰创新设计实践。

文化自信是更基本、更深沉、更持久的力量。面向未来，希望自己能够聚焦敦煌服饰文化艺术、深耕细作。在充满时尚气息的传统文化感染下，有长足的感动与饱满的执行热情。不敢以一得自足，有恒则断无不成之事，希望自己以本次学习为起点，为未来的艺术创作赋能。衷心感恩、感谢！

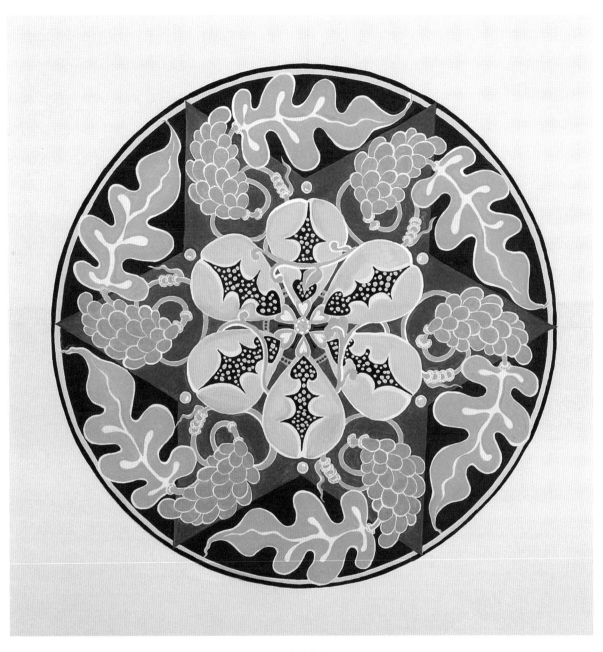

赵亚杰手绘作品

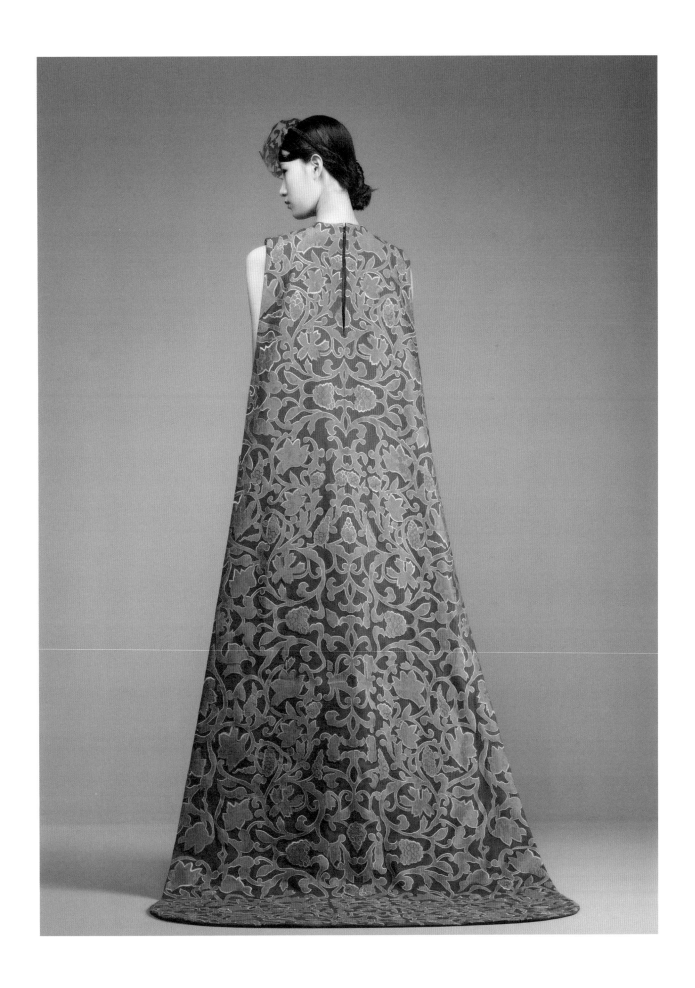

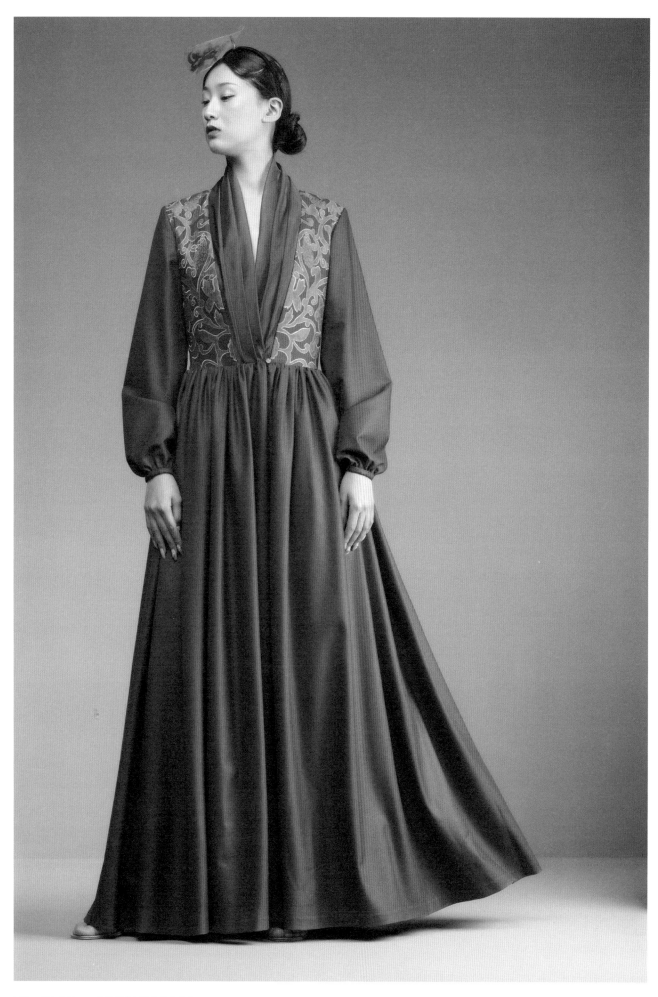

《敦煌葡萄》

作品以敦煌唐代装饰纹样中的葡萄纹为设计元素，
借助纹样满地铺展、分布疏密相宜的特点进行再设计。
葡萄纹取自敦煌彩塑织锦袍服图案细节，
写实形葡萄以缠枝环绕套联，
依据缠枝分布葡萄串和叶子，
结合服饰造型进行创新设计。

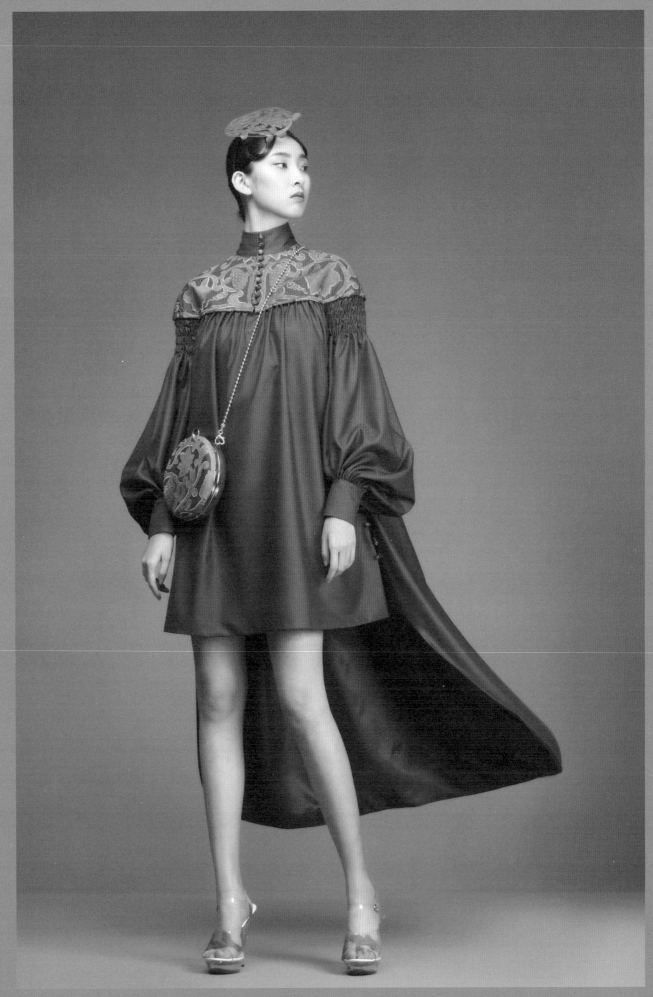

段岱璘

2020年至今，西安市雁塔区青年美术家协会，理事；西安美术学院，硕士研究生
2019年至今，西安市美术家协会，会员

首先感谢国家艺术基金2019年度"敦煌服饰创新设计人才培养项目"，让我有机会这么系统并深入地了解敦煌。

通过此次65天的课程安排和实地考察，让我感受颇深。前期，项目组为我们安排了"敦煌石窟艺术概述""敦煌书法研究""敦煌服饰艺术""大美敦煌"等一系列与敦煌相关的课程，并请来很多知名学者为我们教授，让我更深入、更系统地了解了敦煌文化，紧接着项目组就安排我们进行实地考察学习，我在莫高窟和榆林窟看到了这一人类的艺术奇迹。听着讲解员细致地讲述每幅壁画与雕塑的含义和历史背景，我内心被震撼到了，感觉自己非常渺小，感觉自己在艺术这条道路上还有很多不足。参观完洞窟，我们又在敦煌研究院跟着马强老师学习了线描和岩彩的知识，马老师还手把手教我画线描，我感觉特别激动和荣幸。后期，项目组更是为我们请来了英国王储基金会传统艺术学院的老师为我们上了一周的图形设计课程，让我了解每个图形都是经过严谨的几何图形绘制而得到的。最后更是请来了常沙娜老师为我们授课解惑。此次课程进行至此，让我获益良多，不仅是对敦煌的了解，同时对许多艺术家有了更新的认识。我们应该立足于传统，但同时还要融入当代，这样才是创新。敦煌石窟不仅表现过去，属于历史，更对当代美术和艺术设计的创新起着积极的作用，直到今天，敦煌仍然是中国艺术发展的传承源泉。

此次项目学员共30人，项目组把我们分成三组，分别由三位优秀的教授为我们指导最终的创作作品，每位老师都细心地针对我们个人来一一指导。我的作品是综合材料绘画，主要运用矿物质颜料。我希望可以通过自己对传统绘画的创新，用自己的绘画语言，把敦煌讲述给更多的不曾了解敦煌的人们。

段岱璘手绘作品

《谧》

通过对莫高窟第57窟说法图局部进行创新绘画，使用综合材料来表现画面。其中主画面运用了沥粉堆金的技法来表现菩萨发饰，运用各类珊瑚珠、绿松石珠来表现菩萨的饰品。在菩萨的服饰上，直接选取面料缝在画面上，使主画面突出。左右两幅画面则采取了相应调整，使画面虚化，这样更突出中间的主画面。

徐天梦

2020年至今，OVV，女装设计师

2019年—2020年，女装品牌设计师

2018年—2019年，BY. Bonnie Young，首席设计师助理

　　能参加此次2019年度国家艺术基金"敦煌服饰创新设计人才培养项目"对于我来说是一个人生的转折点，我相信两个月高强度的集中学习为我今后的人生奠定了文化与艺术的基石。通过一系列的课程，我对敦煌壁画的理解更进一步了；在敦煌壁画美的熏陶下，我的审美眼光更加精进了；在老师与同学们的影响下，我的设计视野更加开阔了。

　　能接受项目的培养是一个非常幸运、宝贵而难得的机会。从名师理论授课，到洞窟实地考察，再到设计理论授课与设计创作指导，课程的设计和安排都非常专业、用心和充实。课程培养了我对敦煌文化艺术全方面地学习、研究、探索和设计实践上的知行合一的精神。

　　在前期课程的名师理论授课中，我有幸聆听到了各位老师们的研究成果。在中期的洞窟实地考察中，我有幸聆听到了赵声良研究员讲座，也有幸在特别棒的莫高窟讲解员的带领下参观了敦煌莫高窟。在窟内的沉浸式学习体验也让我深深地感受到了敦煌壁画的永恒魅力。在后期的设计理论授课、设计创作和指导的课程中，我再次有幸聆听到了各位老师们的研究和设计成果，也学习到了新的设计技艺和技法。同时，我也特别感谢项目组在繁忙的课程之余，安排我们在北京大学、清华大学、国家博物馆和首都博物馆等地聆听专家学者们最新的讲座和参观最新的展览，从而让我们了解学习了敦煌和丝绸之路的历史和发展。

　　非常感谢项目组用心安排我们全方位地学习和体验敦煌文化艺术，让我们受益匪浅，使我们敦煌服饰创新设计的设计思路更加宽广，设计方案和工艺更加精进，设计能力也更上一层楼！在此，衷心祝愿"敦煌服饰创新设计人才培养项目"顺利圆满！

徐天梦手绘作品

《寻梦飞天》

寻梦飞天系列的设计灵感来源于敦煌莫高窟西魏第285窟的飞天。为了再现壁画上飞天自由纯真、生动活泼的飞翔美感，我提取并创作了裸体飞天、双飞天、伎乐天和星云飞天等形象，由画家贾宸澜女士绘画，以青金石粉末为颜料，合作创作了5幅飞天图岩彩画，并以印花的形式呈现在真丝面料上。服装款式选用简单大方的方块造型，展现敦煌壁画的本色韵味。

高瑞彤

2005 年至今，山东工艺美术学院，副教授

很幸运，能参加此次国家艺术基金"敦煌服饰创新设计人才培养项目"，也非常珍惜这次的学习机会。这段时间的学习和培训，带给我太多的收获和感动。

在理论学习阶段，课程内容紧凑合理、极其丰富，让我们对每天的课程都充满期待。课程汇聚顶尖专家学者，每位老师结合各自的研究和教学，作了有广度、有深度、有高度的讲授。这些讲授丰富了我的专业知识，拓宽了我的学术视野，带给我很多感悟与启发，为我今后的科研和教学工作指明了方向；同时，老师们做人、做事和治学的严谨态度也深深感染着我。

在敦煌实地考察期间，生动鲜活的敦煌石窟艺术呈现在眼前，带给我的震撼异于往常，使我为之着迷。同时，由于有了前期的理论学习做铺垫，使我对敦煌石窟艺术有了更加深刻的理解，也为几代敦煌人坚定的守护动容。面对博大精深的敦煌艺术，我在思考对于敦煌我该做些什么，作为老师的我怎样能为它的传播、发展尽自己的一份力量。

在设计实践阶段，特别感谢老师的悉心指导，尤其是针对作品提出的宝贵意见，对于作品的实施起到了至关重要的作用。希望能不辜负老师的辛苦与期盼。

这次学习，感染了我，教育了我，启迪了我，带给我的将是一生的财富。最后，再次感谢项目组对课程的悉心安排、感谢每位老师的尽职尽责与付出。

高瑞彤手绘作品

《花开敦煌》

将敦煌壁画中多种花卉草木形态融合，
意图传达繁盛、美好、生机、旷达之意。
表现敦煌的万象人间、生机盎然。

陶　陶

1997年至今，新疆楼兰制衣有限责任公司，总经理兼首席设计师

　　2019年5月，我十分荣幸地参加了国家艺术基金"敦煌服饰创新设计人才培养项目"，在北京服装学院敦煌服饰文化研究暨创新设计中心接受了两个多月的培训学习。

　　学习在董瑞侠教授讲述"文化兴则国运兴，文化强则民族强"的课程下拉开了序幕，30多位国内外顶尖的专家学者给予授课，这对于一个离开校园已经22年的我来说是难能可贵的机会。我如饥似渴地学习，60多天里我像一块海绵一样吸收每一节课的养分，全身心地投入学习中，认真地做着每一堂课的笔记，担心自己听课时遗漏，还用录音笔录下了每一节课的内容，以便自己有空的时候温故而知新。在敦煌实地考察时，敦煌研究院赵声良书记亲自为我们授课，回到北京，"敦煌的女儿"常沙娜教授已经88岁的高龄也亲自为我们授课，这实属不易！曾经在十几年前，我以一名游客的身份来过莫高窟，当时只是粗略地浏览了一下。这次在莫高窟里，我认真地感受了从北凉到元代以及佛教东传的历史，感受到了洞窟里的佛教文化，无论是佛教的本生故事还是经变画以及壁画的艺术表现形式都深深地吸引着我，我感叹于古人对佛教的虔诚和高超的艺术造诣，这是现代人都无法超越的。敦煌的艺术综合了书法、建筑、音乐、乐器、美术、服饰等艺术形式，无疑是一部十个朝代的百科全书，庞大的信息量是任何一种艺术形式都无法比拟的，足以让一个人用一生的时间去研究，敦煌莫高窟简直就是一座举世无双的艺术宫殿。

　　经过系统地学习，彻底颠覆了我之前对敦煌莫高窟的认知。敦煌莫高窟博大精深的艺术文化将是我今后取之不尽、用之不竭的创作源泉！由衷地感谢国家艺术基金，感谢北京服装学院敦煌服饰创新设计人才培养项目组全体人员的用心付出！我将终身受益并设计出更多、更美的中国传统文化服饰，为中华服饰文化在世界的舞台上走得更远更好贡献自己的一份力量！

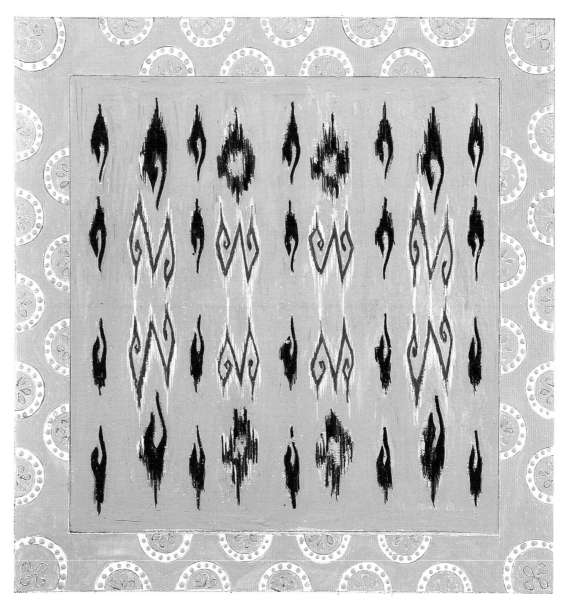

陶陶手绘作品

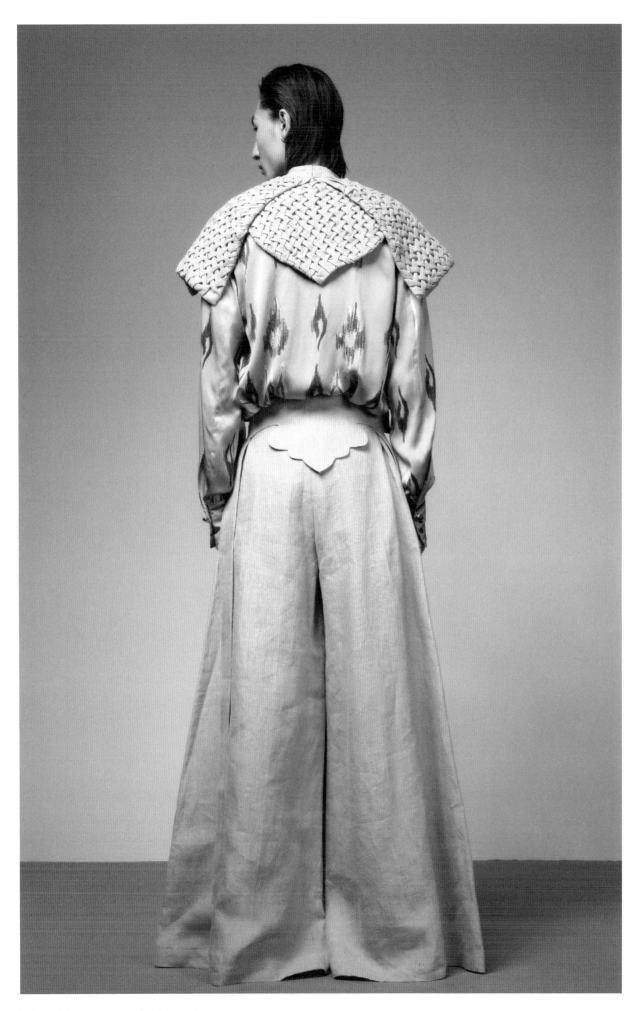

《当宝相花遇上了艾德莱斯》

　　敦煌莫高窟盛唐第180窟主室南壁东方药师净土变中的桌围，成为我这次的设计灵感，表达了1300年前西域文化与大唐文化交融的和谐之美！未经染色的亚麻布代表西域的地域颜色，手感及纹理表现出西域人的性格特征，宝相花与艾德莱斯纹样相遇表达了西域文化早在1300年前就是中华文化重要的组成部分。

路 宽

2015年—2019年，北京梧远服装有限公司，创意设计总监
2012年—2015年，江南布衣集团，设计师/国际合作线设计师
2011年—2012年，Fiorenza Studio（Milano Unica Textile Trend）意大利米兰，趋势研究员

"敦煌服饰创新设计人才培养项目"课程从多维度进行研修，"知来处，明去处"是设计思维模式维度与创作实践方向的指引。

敦煌："敦者，大也；煌者，盛也"。

我从历史及多方面的角度认识到敦煌是千年前链接长安与世界的纽带，丝绸之路的历史有着厚重的文化滋养，敦煌则是幸运集结且保留给我们的宝藏。这次课程从文脉历史到实地洞窟，从科学技艺、宗教启迪到生活提炼，精髓杂糅。在前往敦煌研究院之前的理论课程与在敦煌的实地观摩，以及与前辈先生们的对话，无不令我体会出一些不言而喻、饱含在内的美学价值。

服饰礼制，是历史、是文化、是传承，读懂服饰流行细节背后的历史和成因。

创新要秉承工匠精神，激活历史文化，需要理性与感性的创作方式，以及更为国际化的新思维、新技术、新方法。

通过与行业内顶级专家学者的交流，我重新思考自身的设计逻辑，在专业老师的指教下进行深入改进与延展。例如贺阳教授的"传统中的智慧"课程，将少数民族服饰进行实例解析，用数理关系将图案规律与限制做模件的方法对我启发很大。不仅如此，排期丰富的专家学术报告，古迹洞窟的实地考察，研究院文献书籍库的阅览，这些都令我感恩这一次全方位的设计修行。

接下来，我计划将设计实践与创意结合：从敦煌——丝绸之路视觉文化研究的角度再出发，以"时尚之道"，做一生的"学徒与行者"。

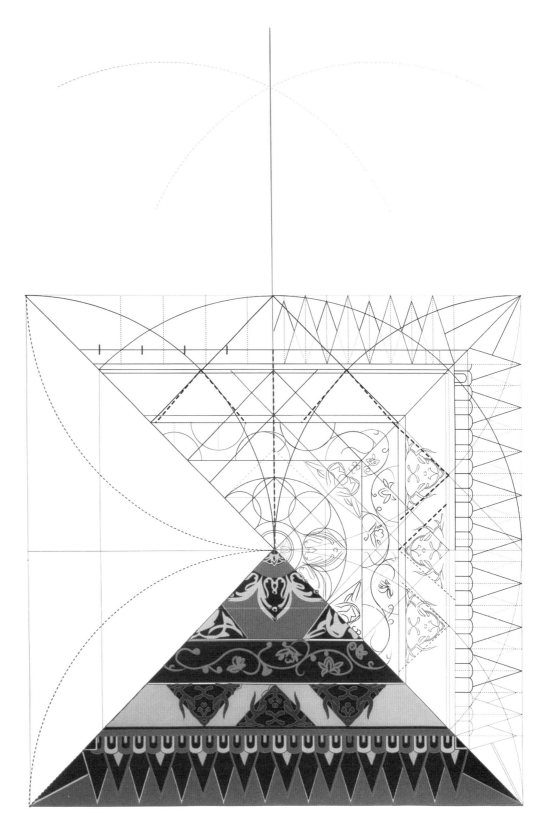

藻井图案结构研究形式：牛佳（北京服装学院美术学院）

藻井图案结构研究形式：牛佳（北京服装学院美术学院）

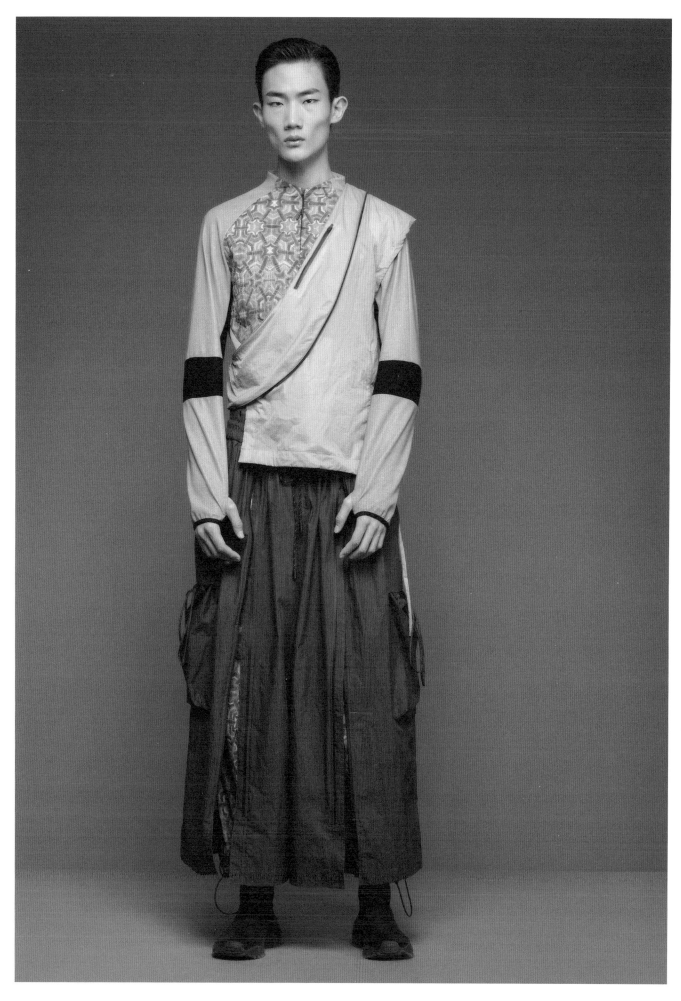

《新禅性时代》

搭一个现代禅性的"敦煌洞窟"虚拟空间，

从当下男性生活方式出发，

解析都市户外的生活趋势，

通过穿着场景转化，

将敦煌石窟艺术中的

壁画格律、天竺凹凸法、粉本线性等表现方式，

用光学材料工艺科技来呈现。

蔡苏凡

2017年至今，自由职业，教授服装效果图课程

2010年—2016年，中国青年出版社，策划编辑

"敦煌服饰创新设计人才培养项目"的集中授课阶段已经结束，设计实践已经提上日程，每个人都充满了紧迫感，但同时又意犹未尽、恋恋不舍。

在这段时间的学习中，系统的理论课程让我对敦煌艺术有了更为全面深入的认识。有的课程从宏观的角度，梳理了敦煌石窟的各种艺术形式，阐述了敦煌服饰的发展演变，分析了中西方服饰文化的交流和异同等，完善了我的知识架构，使得我能从更广阔的角度去重新认知敦煌；也有的课程从专业的"点"进行深入挖掘，如分析我国传统服装的结构设计、某个民族服制形式的特点、染色的技艺、装饰纹样的变化或是特定的工艺细节等，使我对中国的传统文化和手工技艺有了更深层次的感悟；有的老师从自身的项目经验和工作实践出发，分析了传统文化的应用实例，如何将传统元素与当前的社会环境、时装产业相结合，给予了我们不一样的思考角度；还有向来自英国王储基金会传统艺术学院的山姆·芬顿老师学习传统图案的绘制，不同于以往所学的绘图技法，却能让我找到东西方图案的共性，为我打开了设计思路。每位老师都尽心讲解、倾囊相授，启发我们从新的角度去进行创新探索，每位老师对学术的精研和对教学的严谨态度都让人钦佩。

在两个多月的学习中，最令人印象深刻的莫过于前往敦煌的实地考察。当我们每个人踏进石窟，被真实的壁画和塑像所环绕，才能确切地感受到敦煌艺术带给人的震撼。越深入学习，越能感受到敦煌文化的博大精深，越充满了敬畏之情。敦煌不再仅仅是以前我所认为的单纯的艺术殿堂，而是包罗了宗教、地理、科技、语言、民俗、外交、经济等各方面的综合宝藏。这个被尘封多年，又经历了诸多磨难的宝藏，交汇和融合了四大古文明，凝聚了千年来人们的智慧与信仰，成为我们今天增强民族自信和创新的源动力。

再次感谢国家艺术基金、北京服装学院、敦煌研究院和英国王储基金会传统艺术学院为我们提供的这次难能可贵的学习机会。通过这次的学习，我有了更加多元的视角，在一定程度上突破了视野和认知局限，从传统文化中汲取了更多的养分和灵感，全方位地提升了自身的专业技能、文化素养和审美层次。我想在随后的创新设计作品中，能够将我的所学所思所得展现出来，为本次的学习交上一份令人满意的答卷。

蔡苏凡手绘作品

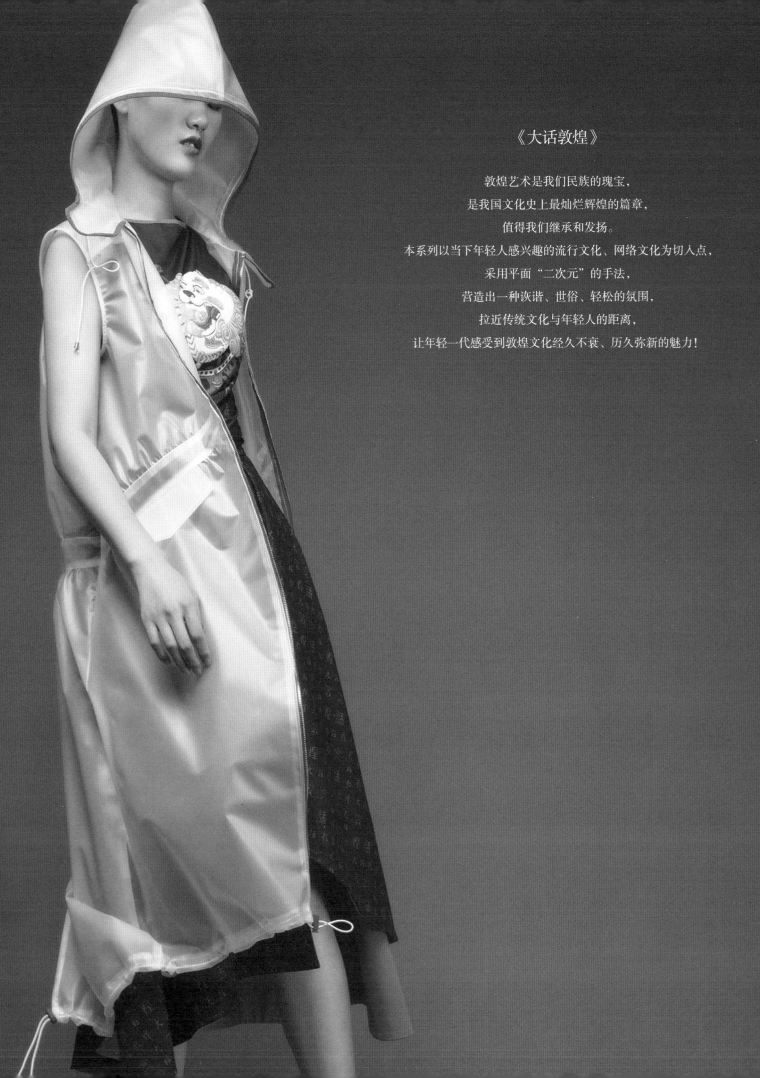

《大话敦煌》

敦煌艺术是我们民族的瑰宝，

是我国文化史上最灿烂辉煌的篇章，

值得我们继承和发扬。

本系列以当下年轻人感兴趣的流行文化、网络文化为切入点，

采用平面"二次元"的手法，

营造出一种诙谐、世俗、轻松的氛围，

拉近传统文化与年轻人的距离，

让年轻一代感受到敦煌文化经久不衰、历久弥新的魅力！

谭海平

2014年至今，TANTAN拼布工作室，主理人
2002年至今，河北农业大学艺术学院副教授，纤维艺术实验室负责人

非常荣幸能够接到"敦煌服饰创新设计人才培养项目"的录取通知，带着憧憬与期望，我和来自全国的众多学员一起开始了两个多月的理论与创作实践学习。首先要感谢项目组老师们的辛勤付出，在这两个多月的时间里，我们聆听了常沙娜老师、刘元风老师、赵声良老师、马强老师、杨建军老师、黄征老师、王子怡老师、楚艳老师、侯黎明老师、王亚荣老师、贺阳老师、李迎军老师、山姆·芬顿老师等众多专家学者的课程，参观了民族服饰博物馆、炎黄艺术馆、国家博物馆、清华大学艺术博物馆、首都博物馆等众多的相关艺术展览。

此次人才培养项目的课程内容设置丰富深入，从敦煌的历史人文、各时期壁画、服饰、造像等艺术角度均有涉猎，同时还有相关考古方面的专家进行织物与修复等方面的专业讲解，课程内容环环相扣，由浅入深、专家老师们的讲解深入易懂。课程内容既包含理论的学习，使学员们认识和了解敦煌多方面的知识，又包含敦煌实地的考察与观摩，通过对敦煌不同历史时期的洞窟形制、洞窟特点、壁画与彩塑特征、图案与服饰等诸多细节的现场观看，加深了学员们对敦煌艺术的认识和理解。在敦煌期间还和敦煌研究院的专家老师们进行面对面的交流，得到敦煌研究院专家老师的专业临摹指导，这种机会更是难能可贵。作为学员的我们在紧张的课程中收获颇丰，深深体会到项目组导师们的良苦用心。

两个多月的学习时间接近尾声，大家都沉浸在积极进行艺术创作的氛围中。通过此次培训，我们的学识与文化素养都得到了很大的提高，对于传统文化的认识也有了更加深入的理解，期待我们的创作实践能够开出丰硕的花朵。

谭海平手绘作品

《云尚》

　　作品灵感源于敦煌壁画中的头光图案和云纹图案。头光图案多属于圆形适合图案，由多种纹样混合组成，疏密有致，生动而富有规律。本作品中的头光元素大部分选自中唐时期的普贤变与文殊变壁画，云纹选自西夏时期的普贤变壁画，并结合拼布工艺特点将头光元素进行调整以更适应工艺需求，选择半透明的绡进行制作，呈现作品轻盈缥缈的姿态，以便更好地展现头光与云纹的轻盈感。

项目掠影

项目组名单

项目负责人 / 刘元风

项目联系人 / 崔　岩

项目成员 / 楚　艳、王子怡、李迎军、吴　波、谢　静、张春佳、张　博、王　可

项目助理 / 常　青、杨婧嫱、高　雪

授课教师名单

马 强	孟嗣徽
王 羿	赵声良
王子怡	侯黎明
王永芳	娄 婕
王亚蓉	贺 阳
王群山	徐 雯
刘元风	黄 征
齐庆媛	黄正建
李 薇	常沙娜
李当岐	崔 岩
李迎军	董瑞侠
杨建军	蒋玉秋
吴 波	谢 静
邱忠鸣	楚 艳
宋 炀	山姆·芬顿（Sam Fenton）

模特名单

赵一宁　胡汝雨　王方君　郝琦睿　王　宇　周文政

杨淑玉　宋依霖　吴思儒　刁月涵　李政阳　张新超

史晓凡　鞠佳宸　杨　洁　秦思源　张志宇　侯博健

模特名单

赵一宁　胡汝雨　王方君　郝琦睿　王　宇　周文政

杨淑玉　宋依霖　吴思儒　刁月涵　李政阳　张新超